設計師沒告訴你的
省錢裝修
aiko手感美宅學
aiko著

獨特的

生活實踐者

推薦序

某日MSN視窗突然看到aiko的留言訊息，提到希望幫她的新書寫序，當下除了榮幸也覺得開心能用文字支持她的發表。

只是後來知道這本書的書名時有點難為情，以一位室內設計師的角色來說總覺得跟這書名有點衝突；後來打了電話跟aiko要了一些書中提到的文稿好好的了解一下，在aiko自序中看到一句：「我覺得老天真的在我這個普通的人身上留下了一些天賦」，深深的發現了這本書真正的精神所在，就是這句話再貼切不過了；相信看完此書的朋友，也能發現其實只要自己試著動手做，都能發現自己獨有的天賦。

以前在申請學校時總需要附上推薦函，也就是在領域中對當事者的態度精神有一定了解的推薦者，這次aiko找我寫序，還真是當仁不讓的要好好介紹這位實踐生活家。

跟aiko相識於前公司的同事關係，由於她管理的是設計資材室，幾乎國內外知名的空間設計材料樣本在進入資材室前都會經過aiko的雙手，也因此讓她在無形之中對材料的可變性有了許多想像力，雖然aiko非本科系出生，也未直接受到設計教育的訓練，卻在工作階段歷練了大部分業界設計師未曾有機會觸碰的材料領域，這些經驗造就了她許多實踐生活

的信心與夢想，也讓我們有機會知道其實隨手可得的做法也能創造有趣的家居改造。

一個美好的居家生活成形來自於居住者的參與感受，aiko在老屋的改造中總是讓人處處發現新驚奇與趣味性。一直是她部落格忠實粉絲的我，總能在她的居家改造生活中看到新的可能性，也因為aiko對材料運用的那般熱情與文字敘述的平易，激發了許多部落格粉絲們動手嘗試的力量；一個不被發現的改造做法，也能讓平凡的老空間激發了全新的生命，這也是她一篇篇文字中迷人尋味之處。搭配了KJ賦予時間感與空間感的影像述說，這對小夫妻用雙手讓隨手可得的簡易素材完成每個家都能獨有的個性空間，居住生活的樂趣如能處處發現新想法，親手從小地方嘗試起，每個人都會是獨特的生活實踐者…

齊舍設計事務所

設計總監 柳絮潔

居心地

推薦序

充滿生活機能性的sweet home

做為一對「資深部落客」，我和凱洛也算是早期在旅遊、文創、攝影領域小有名氣的，但是自從認識了aiko和Kenji這一對部落客佳偶之後，整個就覺得我們實在太不思長進、輸很大了。

時尚型男Kenji，不僅外表酷帥有型，充滿了復古雅痞風，更是一名專業級的攝影師；而嬌小的aiko，原本給我的感覺是個喜愛打扮的都會女性，但瞭解了更多她的背景與專長之後，才曉得外表的「不事生產」只是她給人的錯覺（笑），真實的aiko，事實上是一位DIY手作、居家佈置以及收納的達人；從2006年開始，就陸續接受報章雜誌與電視的採訪，而她的《aiko。手感溫度．愛生活》內容多元豐富，更是貨真價實的熱門人氣部落格。

有句話說「居所，是自我的延伸」，從一個人所能佈置出來的空間風格，就能瞥見她的內心個性；好比說射手座的我自己所在之空間，必然是資訊爆炸加焦慮滿溢出來的隨性，但aiko所構築的居所，則是展現了她從旅行與生活中所累積下來的美學經驗，以及個人的細膩與用心。

我非常驚訝，原來想像中必須存夠了一筆錢、請從事室內設計的同學或朋友來規劃執行、才能擁有的居家空間，在aiko的巧思與巧手（當然，我相

信還有部分Kenji的勞力與苦工）之下，在有限的預算之內，竟能營造出簡潔、有設計感，又充滿生活機能性的sweet home；且我自己學的是美術，原本就不喜歡過度設計、卻不實用的空間，但是aiko的空間看來絕無這樣的隱憂。因為，她都是從兩人共同的喜好和需求出發，看起來就是日本人所說的「居心地（igokochi）」良好的場域。

對生活這麼用心的aiko&Kenji，我相信一定能夠成為旅遊、時尚、攝影、美學以及居家佈置領域中，最受人欣羨與推崇的模範組合。

資深部落客、國際領隊，雄獅集團欣傳媒達人社群總監

工頭堅 kenworker

遇見一個活色生香的女孩

推薦序

我是先接觸aiko的網路世界後，才認識她!!
而，不論是文字、圖像，還是她的人，一樣，活。色。生。香。

眼裡有笑、有好奇，而行動如風，同時溫暖內斂，aiko呈現出來的精彩，不是經驗，而是態度。因為熱愛居家佈置、烹飪、美食、旅遊、老東西以及手作DIY，所以aiko的部落格既豐富又多元，每一次的分享，總是教人上癮又滿足。

我常常在想，這麼一個手巧心靈秀的女孩，會怎麼裝點陳設她自己的住家？這個問題，aiko用了她最擅長的圖文來回答。透過一則則精彩的照片以及平實的文字來記錄自己所設計的第一個家，這真不是件簡單的大事!!

然而，aiko與同樣才華洋溢的另一半KJ，以圓夢般的心情（據說是，甜甜蜜蜜加上踏踏實實）完成了這不可能的任務。過程，想當然的複雜與困難，但，這對小夫妻把所有煩人的細節逐一解決、克服。我尤其動容於

他們堅持用平價的手法與方式，來打造幸福的每個角落。因為他們相信：愛，才是最棒的設計!!

這需要的不僅僅是風格與創意，更多的是耐性與決心。
不強調完美，只在乎想法。於是，這本書充滿人味，少了教條。
不落俗套的樣貌，讓人忘掉書裡的這間特色美宅原是個屋齡二十年的老房子!!

且觀且讀，此刻，我的心開始落腳，歸向在aiko的手感時光裡~~~

兩性作家&美食評論家
陶禮君

一起進入手感住宅的美好時光！

作者序

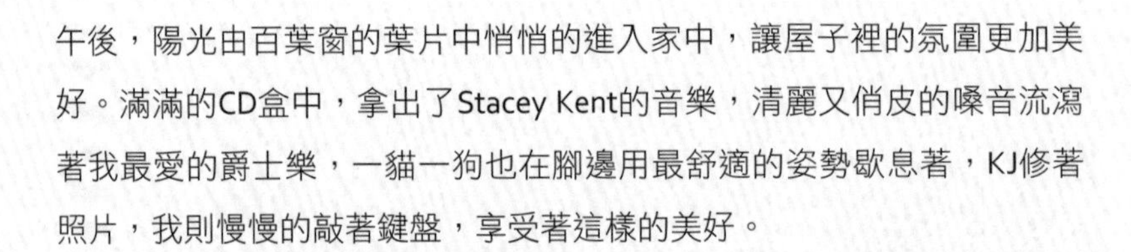

午後，陽光由百葉窗的葉片中悄悄的進入家中，讓屋子裡的氛圍更加美好。滿滿的CD盒中，拿出了Stacey Kent的音樂，清麗又俏皮的嗓音流瀉著我最愛的爵士樂，一貓一狗也在腳邊用最舒適的姿勢歇息著，KJ修著照片，我則慢慢的敲著鍵盤，享受著這樣的美好。

從小，我就很愛看報紙裡家具目錄與售屋廣告，尤其是格局圖，總在想著這邊要擺怎樣的沙發，那邊要擺怎樣的床…。16年前，IKEA正式進入台灣，我永遠忘不了從信箱中拿到那一本全彩印刷，帶有整個空間擺設與佈置，還有簡單又帶有美感的家具型錄與賣場，真的深深的震撼了我！

不學無術的我，明明學的是資訊管理，卻在18歲後的10年歲月中，幾乎全都在室內設計相關公司，對於格局，對於建材，對於設計都更加熱衷了。

我覺得老天真的在我這個普通的人身上留下了一些天賦。

也許是對空間感的熱愛，我很喜歡在尋找老屋中，看到一見鍾情格局的那種驚喜，只要看到鍾情的格局，腦海裡就能馬上印出它未來的風貌。所以人生中的三間房子都是老屋，不同的格局，不同的風格，都讓我在以往的宅女生活中改造的很開心。

這次，我與先生KJ打算找一個坪數不算小，也能兼工作室的屋子當住家，這間山區的小屋就是我一見鍾情的格局，於是，我們要用僅有的30天改造這已經20年的50坪老屋。

這麼短的時間中，其中的辛苦不言可喻，但辛苦過後，總有甘甜的果實等著我們。現在住在為自己設計的家，所有家具及擺設都符合自身的使用需求與模式，多麼幸福？

接到這本書開始，心裡非常雀躍，沒想到可以記錄自己設計第一間屋子的歷程。完成這本書，也要感謝KJ。對於攝影與擺設，我總是非常要求。KJ也在我一次次的要求中重新擺設及拍攝，幫我一起完成了這本書。對於居家書中，圖片可是決定吸不吸引人的指標，雖然我平時很少說出口，但在這邊我真的要跟KJ說聲：謝謝。謝謝你總是默默完成我的每個需求，在我情緒低落的時候，也能給我最大的支持。

自己改造老屋其實不困難，難則難在踏出第一步。

曾經，我以為這只是夢想，但是我做到了！

畢竟，有甚麼比住在自己設計的屋子裡更幸福？

跟著我一起打造屬於你獨一無二使用模式的老屋，

一步步沉浸在這裝修的旅程中吧…

aiko

目次

CONTENTS

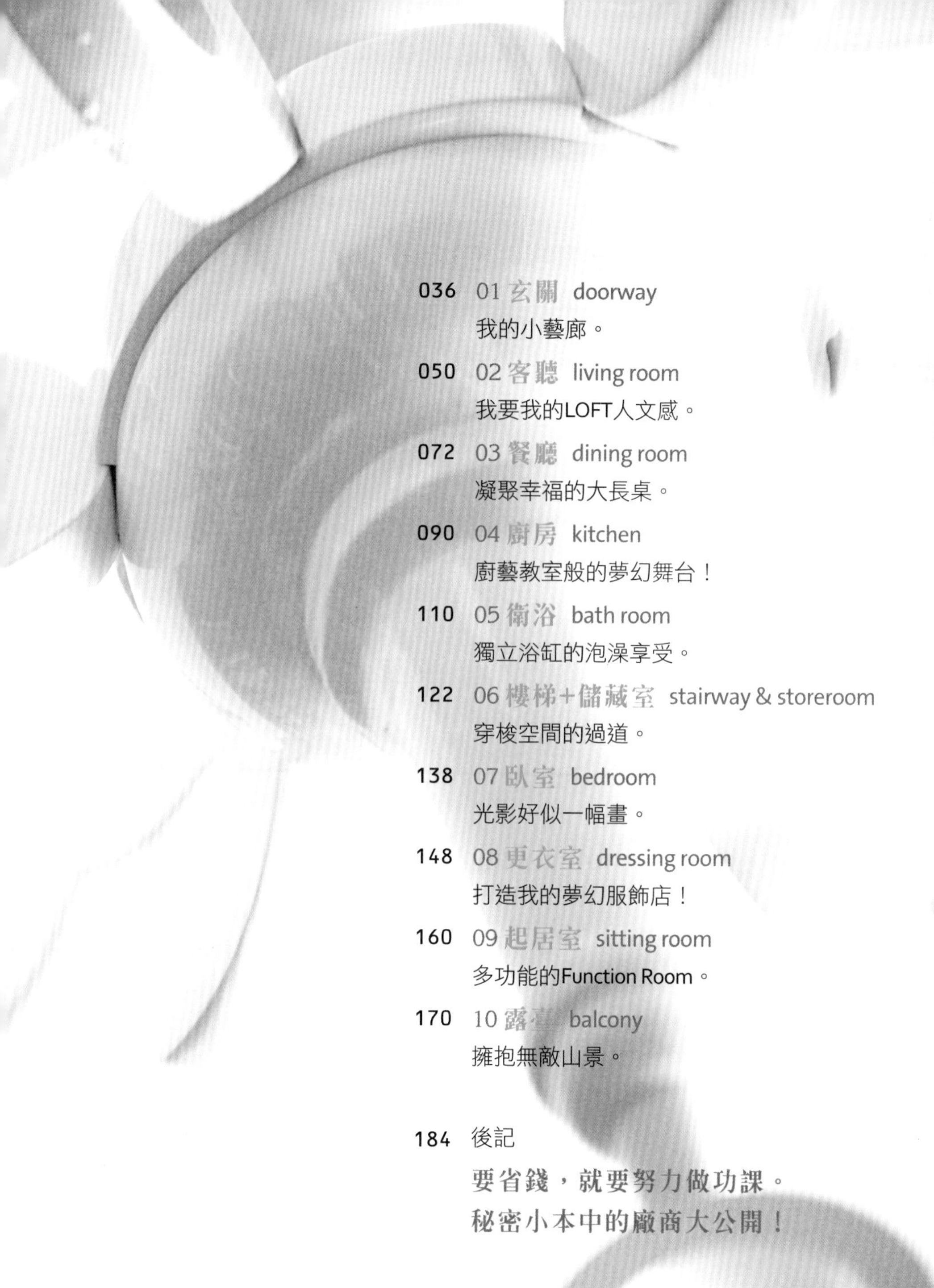

TerraMater

とんかつ

裝修住宅

Part 1

不一定要花大錢！

對於現代人而言，住宅已經不是有瓦遮頭即可的型態。人的夢想都是擁有一棟屬於自己的好宅。而當好不容易擁有自己的屋子，更希望能按照自己的心意裝修佈置。但是對於一般人而言，購屋的頭期款已經讓人很沉重，若要花上重金裝修，可能更加困難。

如果你跟我一樣，手上的預算不多，卻也想要擁有住宅品質，其實，有時候選對材料，可以替代一些高單價材質，質感卻也能在預算內中堅持著。預算有限？跟著我一起看看如何省錢裝修吧！

確認風格最重要

若是預算不多，又想裝修的有質感，最重要的就是要犧牲時間做功課。在購屋後，完成了第一個夢想，再來就是開始依自己預算籌備裝修。而裝修其實是一門不淺的學問，在整個過程中，可能涵括拆除、水電、泥作、木工、油漆等基本工種，當然，中間還包括各種材質，看似眼花撩亂，但不要輕易放棄，要省錢就要付出心力，第一步：請確認風格。

裝修的風格百百種，鄉村風、Loft、人文風、普普風、上海租界風等等。每種風格都有不同重點，可以多蒐集一些資料，確認自己喜歡的風格之後，離裝修之路就更進一步了。

確認風格後，再依照住屋的格局，想像一下如何呈現你想要的風格？而老屋與預售屋到底哪種好？其實兩種各有優缺點，端看你的需求。預售屋新穎，還有客變期，可以省下更改隔間的預算。不過也因為新穎，價格較高，下手較困難。老屋雖然年紀較大，但往往可以找到不同於預售屋的奇妙格局，且價金較低，重新裝潢也能搖身一變為新穎又符合生活習慣的好屋。

一步一腳印

確認風格後，就可以開始找相關的材質與家具。這部分可能就需要做很多功課。因為預算有限，所以盡量選擇現成家具，非不得已時，才使用訂製家具。這樣日後家具也能跟著搬家外，現成家具的費用比訂製家具便宜不少，預算也更能掌握。而每種風格都會有它的重點，像是鄉村風，可能就是一些壁板、雜貨。而普普風則是一些50~60年代的家具家飾等等。

以我個人而言，確認住家想要的風格後，我習慣從網拍開始著手，而我一找材料材質，很可能就只是一張單椅，我會從第一頁看到最後一頁，兩三百頁也會看完它。這不是件簡單的事，但是不可能要馬跑又要馬兒不吃草，既然是要省預算，就得要付出心力。

早在確認要裝修後，我每天都在網拍上找各種我可能需要的材料材質，像是沙發、斗櫃、餐椅、餐桌、玄關桌、冰箱、衛浴設備、廚具等等。而網拍好處就是各種產品都有。例如風格決定了鄉村風，但沙發要粗獷的美式鄉村款或是細膩的法式鄉村款？猶疑不定的時候逛逛網拍，也許看到某一張一眼就愛上的沙發，也間接的讓你確定家具款式，且多逛多看，自己對於材質與價格也會更清楚。

家具家電計畫表

選家具材質時，我會用EXCEL製作家具計劃表。在網拍逛到有興趣的產品，就分門別類的將網址、型號、價格、尺寸、數量都列成LIST。例如三張沙發游移不定，就將三張沙發的資訊都列出來，一開始可能很辛苦，但是表格完成後，在繁忙的裝修過程中會非常省事。像是衛浴設備在水電配管的時候，常會需要尺寸比對，有了這款LIST就能馬上了解尺寸與現場是否符合。

容易舉棋不定的朋友也很適合這樣的做法。將看到喜歡的產品都列出來，最後可以再依照預算或是空間尺寸決定款式，非常方便。而列出網址，到了需要採買時，就不用再重頭掉進搜尋地獄一個個找起，可以按照網址直接下訂單，最重要的是表格試算，可以幫你加總價金，非常方便控制預算。

找設計師或是工班？

端看你對居家有沒有概念與想法。如果沒有概念，可以請設計師全權規劃，不過相對的，花費的價格會較高。若預算有限，不如先自行想想風格與空間配置，畢竟自己的家自己最清楚需求。如果還能夠自己畫出平面圖，不用考慮，找工班就對了。

若是自己很有想法，也都做好功課，卻畫不出圖，不如請設計師幫忙畫圖，再自行發包找包商。而要單項發包或是統包？基本上，單項發包可能更省預算，但是一般消費者對工種進場順序與溝通上可能沒那麼知曉，建議還是多花一點預算請個統包，消費者只要對一個工頭即可，不須對所有工班溝通，省了不少時間，費用也許稍微高一點點，但是省下了不少溝通時間與順序，也算值得。

對於工班必須明確的表達自己的想法，最好有圖面討論，比較不會有落差。傳統的裝潢行，通常是嘴上討論，最後做出來的東西跟想像有落差時，責任歸屬難界定，最好是能有書面資料比對討論，才不易有兩方認知落差的窘境，且裝修前最好訂立合約，明確訂出價格與範圍，將責任歸屬明確訂立，減少認知上的差異，對雙方也更有保障。

開工囉～裝潢工班大直擊！

開工囉～

Part 2

裝潢工班大直擊！

首先，請務必釋出善意與鄰里打聲招呼。居家裝潢通常一開始動工，兩三個月甚至半年一年都跑不掉。裝修中的敲打聲響、落塵，其實都會對鄰里造成不便。開工前，不如帶著小蛋糕或小禮品跟可能影響到的鄰里打個招呼，告訴他們大約的裝修期限，請他們多多見諒。畢竟好鄰居難得，不如先釋出善意，讓之後的鄰里互動更美好。

拆除　施作過程與重點及絕對不能犯的錯誤

開工的第一天，除了開工拜拜外，通常就是拆除進場了。基本上，不更動格局當然會較省錢，若有些地方為了質感非動不可，這時可以想想若要更動格局會不會大幅影響預算？不改格局是否一定會影響整體風格？如果不一定會影響到動線或採光，且預算有限，能不拆除就不要拆除吧！

拆除造成的聲響最劇，且會有數不清的粉塵碎屑，拆除時請務必請廠商在對外的部分用帆布遮蓋，好讓拆除的碎屑不會因掉落而砸傷鄰居，粉塵也能減少紛飛。現場溝通拆除的部分，廠商會在牆面上用噴漆或粉筆畫上叉叉，開始拆除前務必巡視一陣，以確保拆除位置正確。

老屋子通常管線會更換，老舊浴室連磁磚及衛浴設備幾乎都會拆除清運。只將磁磚打除叫「去皮」，但若浴室空間不大，建議拆除時請廠商再將原本防水層一起打除。不然僅去皮，日後還要再上防水、整平，大約又要花掉3~5㎝的厚度，若是原本浴室不大，又被壓縮了3~5cm，會感覺更窄小。而兩者打除價格不會相差太多。

拆除時，千萬不可將樑柱打除，這可是屋子的支撐，若是因為貪空間將樑柱打除，可能有無法避免的後患。而外牆因為有許多鋼筋，牽一髮而動全身。為了安全著想，還是維持不要更動。若真的因為採光關係想開窗，可以用切除的方式，雖價格較高，但因外牆打窗可能會有碎屑掉落的危險，切割會安靜不少也比較安全。

其實，拆除過後，除了垃圾清運，還可能需要泥作修補、木作收尾、遷移管線等等，除非迫不得已，或是格局使然，能不動就不動，能省下不少預算。

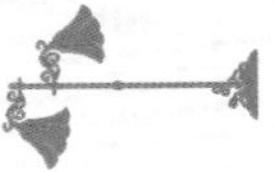

水電 裝設過程與重點及絕對不能犯的錯誤

拆除完成後，就到了水電進場的時間了。通常老屋裝修，最好將水電管線更換，尤其20年以上的屋齡。以往的熱水管是鐵管，埋入牆內，因為水流每天經過，20年的歲月，很可能已經鏽蝕，而在牆內慢慢的滲漏，造成水費加劇外，也有可能造成內牆漏水及壁癌。或是以往電容量較低，無法負荷現今多種電器的電量，也應更新。裝修的部分，水電我認為不可省，該換的還是要換新，自己也能更加安心。

水電進場的第一步就是確認管路位置，與廠商討論管路的可行性。例如我們這次要將書房改為廚房，與廠商討論進水位置是否可行外，排水也很重要。汙水要從哪邊排出，是否得以順暢都需要仔細討論。而進水管線交接處有無確實結合也是一大重點，在泥作進場前，記得先試一次水，確認進水與排水都沒問題，以免到時管線封起後，新管仍有滲漏問題。電的部分像是廚房，多會擺設較多電器，可以設置專屬迴路，這樣多種電器一同使用也不用擔心跳電問題。

若是自行發包，開關位置都可以自行訂立，可以請設計師或是外包繪圖者畫水電簡圖。但其實我與水電師傅都是靠粉筆溝通。哪邊要多一個插座，哪邊的開關控制哪個燈具，或是哪邊要有龍頭，哪邊排水都直接在牆上作記號，把距離跟高度標出，可以馬上了解高度適不適合自己外，水電師傅也很方便作業。而排水記得一定要有斜度，水才排得順，較不易阻塞。

鋁窗　裝設過程與重點及絕對不能犯的錯誤

老屋裝修通常會將鋁窗更換。除了因為舊式鋁窗沒有滑輪，開關比較吃力，紗窗又容易掉落外，舊式鋁窗通常不是強化玻璃，對於現在強颱來襲可能比較危險。若預算有限，建議大窗務必先更換，其他小窗或非迎風面的窗可以慢慢更換。

鋁窗進場時間我建議在水電跟泥作中間，或是拆除後就可以進場。通常會在水電中或後進場，是因為水電在敲除配管的時候也有許多粉塵，先裝鋁窗容易髒汙，但若是在5~7月這種容易有午後雷陣雨的季節，建議拆除後就立鋁窗，以免大雨潑進家中，造成家中積水的窘境。若有凸窗，雨批上建議覆蓋人工草皮，可以減緩雨滴落下的聲響。鋁框與玻璃接縫處務必填滿矽立康，以免雨後進水。

鋁窗窗型大約分成橫拉窗、火車窗、推窗、凸窗、固定玻璃。橫拉窗就是一般左右相拉的窗型，基本款，方便好拉。火車窗則適用於左右窄、上下高的窄型窗戶。舉例來說，若是窗戶為寬75cm高150㎝的窗戶，用橫拉窗會感覺窗戶開口太小，視覺也會阻礙，這時不妨使用上下開型的火車窗，視覺比較完整，開口也會有比較寬廣的感覺。但太大扇的窗戶則要考慮上下開時的玻璃重量部分是否可行。

一些有景觀的部分，可以使用推窗或是固定玻璃，讓景觀可以完全保留不被分割。若是非常需要通風，則可以使用推窗，不用時關起可保留景觀，只是單價較高。如果只是想保留景觀而不需通風，則可使用固定玻璃，較節省預算。若是需要常開不關的窗戶，可以選擇以下方推出式的推窗，這樣久開也不用擔心雨水會潑入。較小的空間，則可使用凸窗來增加收納空間。

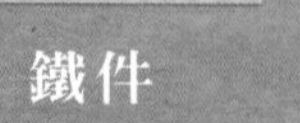

鐵件　裝設過程與重點及絕對不能犯的錯誤

鐵件價格越來越飆漲，裝修舊屋時一些老鐵窗如果能保留盡量保留。像我們露臺的扶手原本是實心黑鐵，因為需要外移所以拆除時就切除清運掉，等到再請鐵工廠商過來量尺寸，鐵工廠商看到原本的實心黑鐵，直說可惜，因為現在的價格只買得起空心黑鐵了。

當時就算要改位置，也可將切除後的黑鐵保留，再用焊接的方式固定，肯定可以省下不少費用。而黑鐵較白鐵便宜，但會有生鏽的問題，所以需要時時補漆，嫌麻煩的朋友可以選用白鐵，但相對的費用高上不少。

而若是扶手的部分，可以在泥作進場前先固定好，最後泥作再包覆起來，扶手就可以更穩固。

泥作　裝設過程與重點及絕對不能犯的錯誤

水電退場，鋁窗立好框，扶手也固定後，泥作就能進場了。泥作進場，第一步就將大量的水泥及砂搬運到現場，以便後續的混合。先將鋁窗的孔隙補滿，以免雨後進水造成壁癌，並將水電配管的溝槽填平。而地板沒有要重新貼磚的話，最重要的就是浴室的部分了。若是自行發包，泥作進場前，就要把磁磚先選好。

磁磚的選擇性非常多，預算不足可以選擇庫存品。通常磁磚廠商會有一些庫存花色的配套組合，可以省下不少預算。而牆面磚可以選擇一般施釉磚、高亮釉磚、拋光石英磚、板岩或鑿面磚、石材，甚至馬賽克，幾乎任何磚體都可選擇。但切記地面要選擇止滑的材質，像是鑿面磚、板岩磚、霧面磚或是小口馬賽克磚，增加止滑度，以免水氣造成濕滑。像國外其實沒甚麼對縫的要求，但國人卻比較在意縫要對齊，其實選擇自己喜歡的配套模式即可。

泥作進場時磁磚最好也一起到場。在衛浴現場抓出水平後，先整平待乾，再上防水。浴室防水建議作到頂，價格也許高一點點，但是可以減少日後維修的可能。浴室維修也是牽一髮動全身，所以寧可在之前先齊全，也好過日後再維修。

防水完成後，過幾天就可以開始貼浴廁磚。通常牆面會是乾式施工，就是整平防水待乾後，再用易膠泥黏貼。而地板通常是濕式施工，邊整平邊貼磚，貼好後盡量一兩天不要踩踏，以免破壞洩水坡度。貼工的部分特小的馬賽克或是特大像是80x80cm以上的磚，通常貼工工資會較高，這部分可以依照自己預算拿捏。貼磚完成後就準備填縫，若是填本色縫（水泥色），還是建議用專用的本色填縫劑，若用水泥填縫，較易有深淺色的問題。

木工

施作過程與重點及絕對不能犯的錯誤

泥作退場後，就是木工進場的時間，也就代表基礎裝修快要完成了！木作在一般裝修中幾乎占有最大比例，也是裝修中花費最高的。所以若是要節省預算，盡量不要訂製，以現成家具為主，省下的費用會挺可觀。只要將家中尺寸熟記，在家具店選擇家具時，可以選相仿尺寸的家具，就能省去訂製的費用。

這次我除了一些要藏管線的地方作天花板，其他能不要動到木工就盡量不要。既然決定作天花板，板材也不要選太差，日本麗仕的天花板個人挺推薦，寧願選好一點的材質，以免日後還需要花錢花力氣維修。而天花板骨料現在多以集成骨料為主，看起來漂亮新穎，但以往那種實心的柳安木骨料看起來雖然黑黑髒髒，但是實木的支撐力夠強，接觸到水氣也能慢慢散發，比較耐用，但價格也高一點。若是潮濕區，或是未雨綢繆想預防白蟻，角料都可以先作防蟲處裡，日後也省去了鑽孔灌藥除白蟻的問題。

而天花板骨料完成後，封板前記得檢查一下，若有吊燈的位置務必加強骨料，不然封上矽酸鈣板後，光是矽酸鈣板沒有骨料，承受不了吊燈的重量。

油漆 施作過程與重點及絕對不能犯的錯誤

木作退場後，就到了油漆進場的階段了。很多人都覺得我以前自家都自個上漆，為什麼這次不能自己來？其實裝修過後，像是水泥修補完後的牆面，漆是吃不太上去的，必須要先批土打磨將原本坑洞、裂縫、天花板交界處整平。而批土打磨後，等幾天後在上漆，以免接縫處易有裂痕。

上漆可以用噴漆及手刷漆，噴漆速度快，噴面均勻，但是易沾染週邊，需要仔細防護，且日後補漆也多為手刷，會有兩款漆面感。而手刷較費工，工資較高，費時也較久，也多少會有刷痕，但較不會汙染其他地方。可依預算及速度作刷法選擇。

且因為老屋總會擔心壁癌問題，可以的話，建議找專業防水廠商，在外牆處上防水漆，這樣不但能讓老舊的外牆有新風貌外，更能避免老屋因為時間及地震的細小裂縫在雨季時滲漏至屋內造成壁癌，一舉兩得。

地板　施作過程與重點及絕對不能犯的錯誤

舊屋裝修的過程中，地板也是一個重點。若要貼新磚，就要敲除舊磚，再重新整地貼磚，費時費力且較花預算。若利用架高木地板，就不需要打除舊磚，較省時也省力。但對於我們家，有寵物亂尿尿的危機，木地板怕水，也比較不適合。所以我選了更省時省力也省預算的PVC塑膠地板，不需要打除舊磁磚，批土後就能直接貼上，就算是40~50坪的空間也能一天搞定，且價格低廉，也較不怕水，1坪連工帶料大約800~2000元都有，節省預算也節省時間。

不過因為磁磚縫是用批土的方式補平，每日踩踏，幾年後還是會慢慢凹陷，所以塑膠地板上會隱約看到舊有的磁磚縫，如果介意的人可以先封一層甲板，整平地板後再貼地磚。貼磚時，可以注意是否用專用感壓膠，這種膠越踩越黏，而像樓梯立面之類的地方，大多使用強力膠，黏性較強，但不適合貼在戶外及強烈陽光照射的地方。

衛浴　施作過程與重點及絕對不能犯的錯誤

地板完成，基礎裝修也就完成了。而在泥作完成浴室工項，或是全部基礎裝修完成後，就可以開始下訂衛浴設備，準備住進溫暖的家！衛浴設備的選擇，跟尺寸配管有關係，確定尺寸後，請水電師傅按照配備配管，若是沿用舊管，要注意糞管的管徑，通常是30cm或40cm，這點比較需要注意。若是有空間，可以再裝設小便斗，清洗更方便。

洗手台若是訂製，花費較高，建議盡量選擇現成品更能節省預算。而洗手台可以用懸掛式，下方空間不會沾水，也較好清洗。浴缸可以捨棄傳統無牆浴缸還要砌牆的麻煩，選擇獨立缸，少了砌牆的費用外，減少浴缸與牆之間容易發霉與髒汙的問題，更好保養。

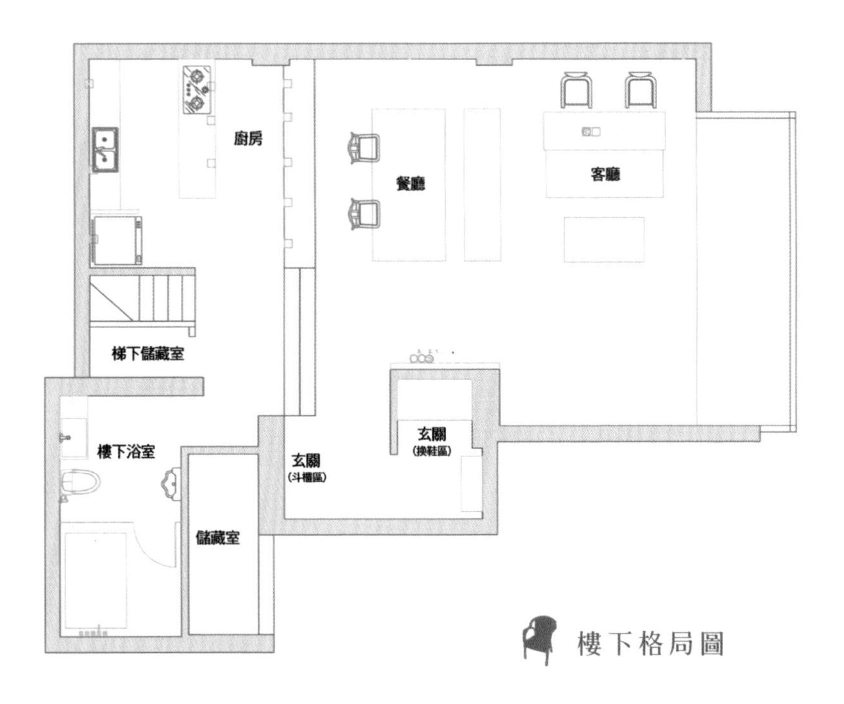

樓下格局圖

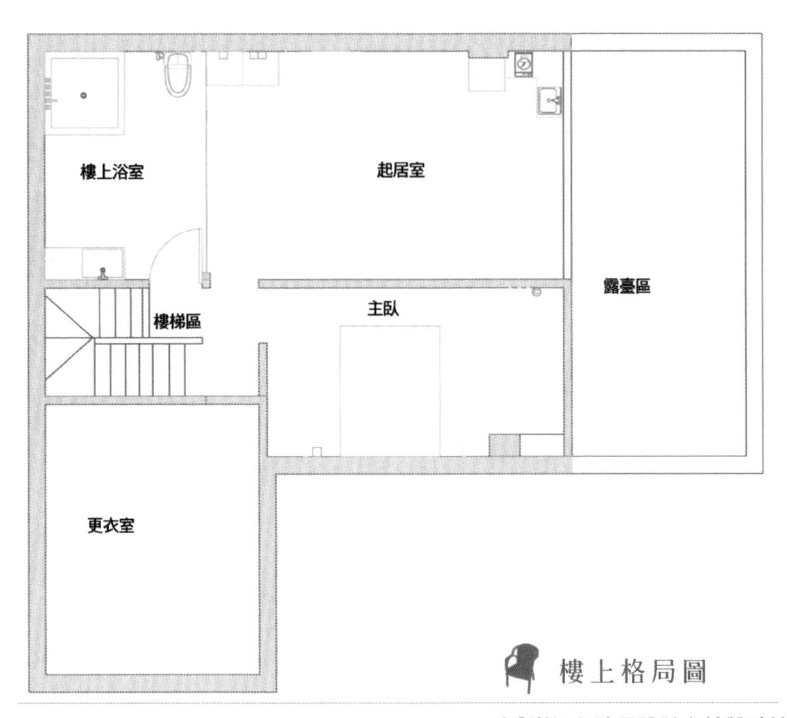

樓上格局圖

(感謝好友陸月設計友情贊助簡圖)

空間POINT 與B&A大震撼！

Part 3

對我來說，老屋有種難以抗拒的魅力！
仔細挑選，總能有不同於新屋的獨特空間與絕佳的採光通風。
每個空間依著採光通風都能有不同的變化與小訣竅，
迷人之處更在於Before與After，這醜小鴨變天鵝的轉變。

一個普通又髒舊的老屋，如何變身為人文風十足的居家空間？
跟著我，一起來場裝修的小旅程吧！

基礎工程：
50坪，2玄關，2儲藏室，1客廳，1餐廳，1廚房，
2衛浴，1更衣室，1主臥，1起居室，1大露臺。

拆除：約12萬
水電：約25萬
泥作：約22萬
木工：約13萬
油漆：約7萬
玻璃：約4萬
地磚：約5.5萬
磁磚：約7萬
防水：約4.5萬
搬家：約1.5萬(兩趟含吊車)
鋁窗&採光罩：約22萬
金屬扶手：約2.3萬

總預算

01

doorway

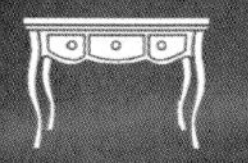

玄關。

我的小藝廊。

忙碌了一整天，不管是艷陽高照或陰雨綿綿，終於等到下班時間，最期待的，莫過於回到溫暖的家。

玄關，是進入家中的一個過道，也是一種心情的轉換。一整天的疲累或不開心，開了門後，坐在穿鞋椅上，脫著鞋子，換上拖鞋，也將疲累與不開心拋在門外。就讓玄關變成藝文區，讓身心靈得到滿滿的放鬆。

玄關。我的小藝廊。

玄關，是居家中一個重要的靈魂，它是客人來訪穿鞋脱鞋的地方。也是購物後能讓雙手淨空暫放物品的所在，更是由室外進到室內的轉換空間。

有些人因為裝修需求，或是為了增加空間，家裡甚至沒有玄關的存在。但我很幸運的，能擁有兩個玄關。一個是脱去疲累，開始放鬆的穿脱鞋空間；一個則是我的小藝廊。誰説只有咖啡廳才能有端景的展示空間？讓我們在家裡就開創一個屬於自己的藝廊吧！

1 擁有內外兩個玄關，非常幸福。
2 平日隨手拍攝的照片拿來記憶牆更有意義。
3 如藝廊般的玄關空間。

利用木紋地磚妝點大門。

進到玄關前，第一個入眼的就是大門。

當初大門用的是白鐵門，子母雙開的方式，尺寸很大，門也還很新，換掉浪費，但是太閃亮的白鐵並不是我的菜，不換又覺得風格不搭。上網找了一些子母門，大多是常見的鍛造門，也不是我想要的人文風。於是，我決定來創造屬於我獨一無二專屬的大門。

一直以來，我就想要一個木頭門，想用實木但預算不足，也擔心木料會有藏汙納垢，或是潮濕的疑慮，想著想著，就想到我的愛用材質～PVC塑膠地磚，用少少的預算就能讓大門充滿人文風。

請木工用剩料將門框收邊。

裝修小提醒

塑膠地磚不適合戶外。

塑膠地磚是用膠黏合，不適合用在會風吹日曬的戶外區，否則因為陽光直射，或是雨水沖刷，強力膠有可能失去黏性而脫落。

家裡的地板已經鎖定用塑膠地板，不如將門也用上塑膠地板吧。因塑膠地板有長度之分，盡量選擇與門長度相仿的，較省料，相對的也省錢。原本門是白鐵材質，又是立面，選出喜歡的花色後（或是使用地板的剩料），用強力膠黏貼在門上，就完成了一半。而白鐵門多會有邊框焊接的點，這時不用擔心，邊框再用木工剩料，請師傅幫忙裁切尺寸，黏貼在邊框上，你的大門就成為最獨一無二的創作了。最重要的是舊門不變，不用花錢換新門，只花了塑膠地磚與工資的費用，而且一兩個小時就能完工！

PVC塑膠地磚，用少少的預算就能讓大門充滿人文風。

善用剩料，風格小改造。

很幸運的，家裡可以擁有兩個玄關轉換空間。第一個玄關就是拿來穿脫鞋的所在，原本有個木作深櫃，一開始本來想拆除，後來想想深度大約有60cm，其實不適合拿來放鞋，不如當個超大收納櫃，而木百葉的門片與風格也搭。但因為前屋主沒有用心維護，牆上與地上的磁磚都有歷史感，但礙於預算，又不想更換，決定用最省錢的方式：利用調和漆與剩磚來改造。

牆壁的磚因為沒有打理，顯得有點暗淡又灰暗，於是拿出我的法寶之一：調和漆，刷上白色的調和漆，原本髒髒舊舊的牆面磁磚馬上變得閃閃動人。不用大費周章敲磚，也不用重新貼磚，只花調和漆的錢，就讓灰暗的玄關變明亮。

而地板的磚更是又髒又舊，怎麼看都不人文！這時再拿出之前在建材行買到的庫存剩磚，不用敲除，直接用易膠泥黏貼在原本地磚上，原本髒髒舊舊的玄關頓時大變身，在這邊穿脫鞋都變得很舒服，還有個小窗可以享受徐徐微風，非常舒適。

Before vs. After

不用大費周章敲磚，也不用重新貼磚，
只花調和漆的錢，就讓灰暗的玄關變明亮。

裝修小提醒

自行貼磚多少會不平整。

自行貼磚完全是因為省錢，不敲除原有地磚用易膠泥直接貼多少會有不平整的現象，但不會太誇張，若是完美主義者則不建議。你也可以找專業泥作敲除後重貼，或是先整地後再貼磚，只是價格可能翻出許多倍，建議以預算來考慮自行施作或找專業泥作施作。

玄關藝文區，留白更吸睛！

換好拖鞋後，再推開門，又到了我的第二個玄關。其實就是一堵牆的轉換空間，旁邊是一個透光的玻璃窗，轉念一動，不如，創造出一個小藝廊吧。

從第一玄關到第二玄關的門，我不是選用一般常用的鍛造或是硫化銅門，一來我不喜歡那種太貴氣的門款，二來是因為有時颱風天，雨水容易潑進家中，不好開窗時，就算把家裡的窗全關，開著第一玄關的窗，風就可以從三合一通風門進入家中，不用擔心颱風天門窗緊閉而悶熱，而三合一通風門的簡單款式也不會太落俗套，採光通風兼具。

而很多人一碰到玄關，就會想著請木工或是系統櫃廠商訂製櫃體，多大的牆就作多滿的櫃子，反正收納第一。但我覺得玄關櫃做滿反而顯得侷促，且花費不少。不如認真挑選一款喜歡的現成玄關櫃，讓空間留白更有味道。而選用現成家具不但省錢，也不落俗套更能自由發揮。

Before vs. After

原本空蕩的空間，頓時化身為屬於你個人的藝廊。

裝修小提醒

玄關區使用雙切開關。

玄關區建議可使用雙切開關，就是內外側都可開關燈具。通常一進門，黑壓壓的伸手不見五指，可以一次開兩個玄關的燈，而進到室內後，也不用再特地繞出去關燈，可以在室內利用雙切功能就能將室外電燈關閉，很適合我這懶惰又怕黑的人。

牆面就是你的畫布！

玄關櫃我會選擇簡單卻有設計感的款式，並帶有幾個抽屜，可以依大小置放每日的發票，或是各類收據，還有掛號專用章、鑰匙、電池等一些居家必備，卻容易不見的小東西。

使用玄關櫃的做法，除了省錢外，更能隨心意布置，留白的空間多了，自然覺得神清氣爽。今天要宴客，玄關櫃就可以放上鮮花擺設，讓來訪的友人感受誠意。或是出國旅遊，將帶回的戰利品當布置，隨心所欲，不再一成不變。

而玄關櫃上，若是怕牆面太空，可以買一些現成畫框，放入自己拍攝的照片，比購買市面上照片框飾更來得有意義也更有歸屬感。玄關，馬上變成專屬於你的小藝廊。

裝修小提醒

插座藏在玄關櫃後。

玄關區通常會拉出一個插座，讓玄關櫃擺飾可以多點變化，或是加盞桌燈增加氛圍，我建議可以將插座位置藏在玄關櫃後，這樣放上需要電力的產品，才不會看到醜醜的插座。

aiko的省錢小撇步

善用現成玄關櫃。

很多人一碰到玄關，就想著請木工或是系統櫃廠商訂製櫃體，多大的牆就作多滿的櫃子，反正收納第一。但我覺得玄關櫃做滿反而顯得侷促，且花費不少。不如認真挑選一款喜歡的現成玄關櫃，讓空間留白更有味道。選用現成家具不但省錢，也不落俗套更能自由發揮。

運用調和漆及剩磚

牆壁的磚暗淡又灰暗，刷上白色的調和漆，不用大費周章敲磚，也不用重新貼磚，就能讓原本髒舊的牆面變得閃閃動人。而地板的磚則可以拿出之前在建材行買到的庫存剩磚，不用敲除，直接用易膠泥黏貼在原本地磚上，原本髒舊的玄關頓時大變身。

不花大錢也能換新門。

想要一個木頭門但預算不足，不如運用PVC塑膠地磚改造大門，選出喜歡的木紋花色，或是使用地板的剩料，用強力膠黏貼在門上，就完成了一半。邊框再用木工剩料，請師傅幫忙裁切尺寸，黏貼在邊框上，你的大門就成為最獨一無二的創作了。不用花錢換新門，只花了塑膠地磚與工資的費用，而且一兩個小時就能完工！

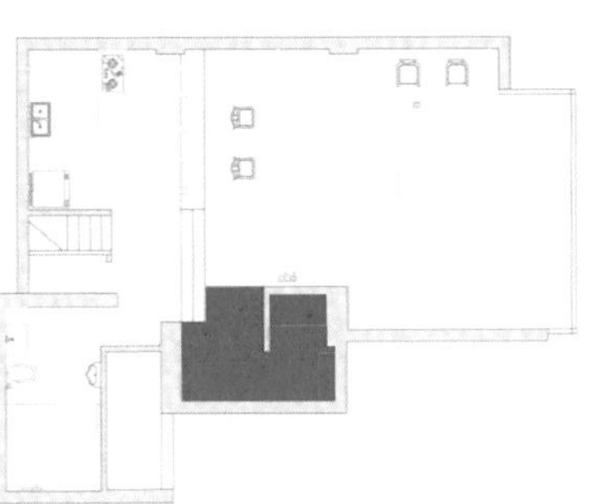

玄關裝修工程

空間大小｜約3坪，高度2米6。
花費費用｜約7,000元。
運用時間｜1天以內。

(以上價格僅為活動家具，不含任何電器，燈具，窗簾飾品及基礎工程)

02
living room

客廳。

我要我的LOFT人文感。

三面採光的客廳，是最大的幸運。

從早到晚，可以看著屋外的光影轉變，不用過多的點綴，窗外的美景轉變就是最好的裝飾。簡單的白牆上，掛著可以任意轉動的電視，放著訂製的復古沙發與椅凳，在窗旁挑選著想看的書籍，倚著陽光，頓時文青感加倍。

親手貼的文化石白牆前，有實木的手創雙人長書桌，搭著鮮豔色系的搖椅，既是客廳，又是書房，很人文，也很LOFT，這就是我藝文滿滿的客廳。

人文風格滿溢的客廳。

隨意置放的書籍有意想不到的美景。

寬版木百葉藝文風濃厚。

簡單的人文氣息

一般人總認為客廳就是要大器，要很華麗的電視牆，越大越好的電視，最好還要有大得不得了的音箱，巴洛克式的金碧輝煌沙發，但總忘了最初的本質，有時候，簡單反而更迷人。

素雅的白牆，搭配著隨意置放的書籍，人文感十足的木百葉，讓空間更加雅緻，再選盞好看的造型燈具，不用花大錢，也有迷人的人文氣息。

原本普通到不能再普通的客廳，搖身一變成了人文空間。

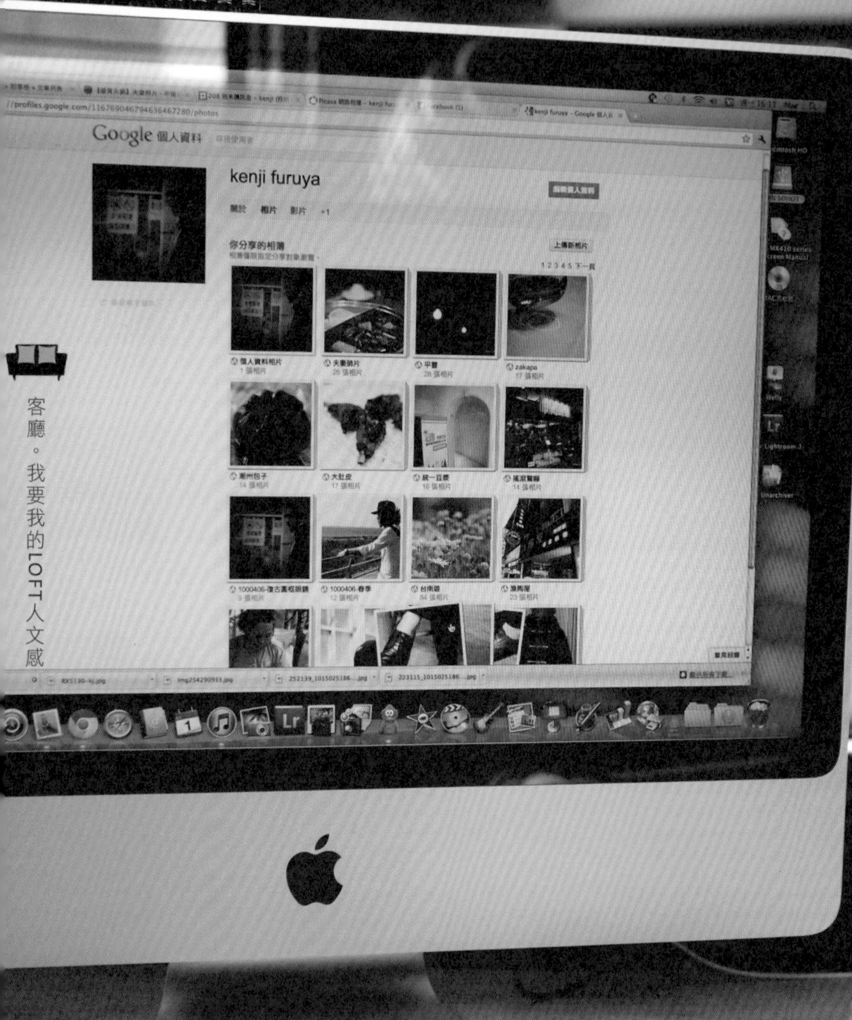
Google 個人資料
kenji furuya
你分享的相簿

客聽就是我的大書房！

誰說書房一定要獨立？

我是個怕黑又怕鬼的傢伙，一個人在家，最討厭沒有任何聲響的寂靜。

就像去飯店，第一件事一定先打開電視，轉到搞笑台，緩和緊張的氛圍。若要我窩在小房間裡，獨自打著電腦，對我來說實在是件很寂寞的事。所以從以前到現在，我都會把電腦放在客廳，這樣可以邊上網邊看電視，我也從來沒辦法專心做一件事，專心寫稿疲累時，就看看電視放空，一個空間可以多樣用途，多幸福？

而刻版印象常會讓人覺得客廳不該出現電腦，跟著我，讓電腦自然而然的融入客廳，更增添一些LOFT的工作室感吧。

1 吸睛的文化石牆。**2** 客廳與書房也能你儂我儂。**3** 搖椅當書桌椅，思緒更暢通。

客廳。我要我的LOFT人文感。

木質氛圍＋粗獷建材＝LOFT人文風。

這次的客廳空間，想要既像咖啡店，又像工作室的風格，於是我選了許多木質營造帶著點LOFT的人文風。

地板因為預算問題，且有寵物，不太適合用木地板，依舊選了我熱愛的木紋PVC地磚，非常粗獷又仿舊的色系，並使用五公分寬的深色系木百葉，再搭配層板，整個人文風立現。

裝修小提醒

旋轉壁掛架，一台電視搞定不同空間。

這次的新家空間比較大，客廳、餐廳、廚房都在同一個面上，又因為視角的關係，要面面俱到都看得到電視有點困難，不如選一款可調角度的壁掛架，這樣朋友們在客廳玩樂，餐廳用餐，或是在廚房DIY，每個角度都不會錯過電視。

文化石吸引目光！

一說到LOFT，大家第一個會想到的就是「文化石」。文化石向來是我熱愛的建材，就算它不算便宜，但只要一面牆，就能吸引所有人的目光。而貼文化石比較沒有防水或打底的太大要求，為了省預算，我們打算自己貼，利用易膠泥，一塊塊的黏貼，貼完後本來要填縫，後來一直懶惰沒填，後來發現其實不填縫也挺好看！

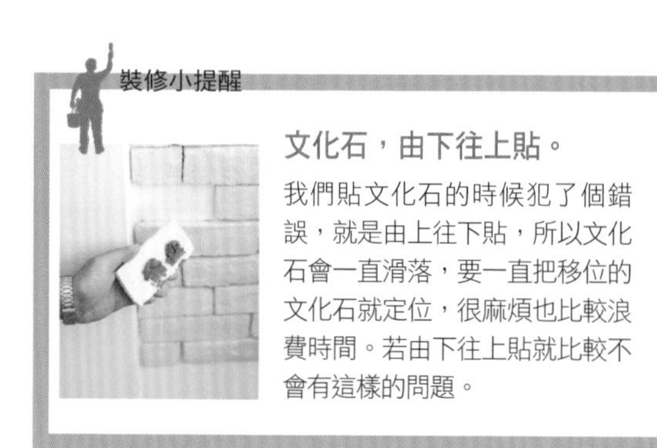

裝修小提醒

文化石，由下往上貼。

我們貼文化石的時候犯了個錯誤，就是由上往下貼，所以文化石會一直滑落，要一直把移位的文化石就定位，很麻煩也比較浪費時間。若由下往上貼就比較不會有這樣的問題。

文化石牆前，隨處置放家具就是美景。

文化石搭配木百葉，LOFT也能帶有人文感。

訂製馬鞍皮腳凳讓懷舊氛圍立現。

訂製復古沙發，回到60年代。

地板、百葉窗、牆壁都完成後，就到了重要的家具擺設了。台灣人比較在意沙發靠牆這檔事，但我覺得沙發不靠牆，會讓空間更有火花，於是我決定沙發後面就放張書桌吧。

而我一直熱愛復古的事物，第一間房子就訂製過仿舊的沙發，這次的空間更加適合，於是我一樣在網拍上找到這間之前配合過，位於嘉義的沙發廠，他們專門做那種60年代復古的「碰椅」，硬挺的馬鞍皮、偏硬的泡綿、稍淺的深度，坐起來腰背挺直，完全不用擔心姿勢不正確，更重要的是非常舒服，這種偏硬，卻帶有彈性支撐的舒適度，常常一倒就可以睡著。

帶著菱格的椅面，搭配著扶手的彎度，放在家裡，馬上就成為視覺焦點，搭配同款的椅凳，靠著牆放在窗下，或坐或臥都好。好坐也是好裝飾，再選盞可以任意伸縮的蜘蛛燈，讓60年代馬上進入家中。

台灣人比較在意沙發靠牆這檔事，
但我覺得沙發不靠牆，會讓空間更有火花。

客廳。我要我的Loft人文感。

自行組裝家具，省錢又獨特。

我熱愛電腦在客廳中出現，卻從來沒用過電腦桌，是因為市面上的電腦桌都沒有喜歡的，我不需要很多收納空間，或是高高低低的特殊造型，只要一個簡單的平面桌，夠大，好看就好，無奈都找不到喜歡的款式。

某天，又在網拍上亂逛，看到了單賣實木板材的廠商，靈機一動，既然市面上沒有我要的桌子，那我就來做一張屬於我自己的桌子吧。

板材廠商只負責販售板材，就是多大多小的尺寸告訴他，他裁切好後就賣給我們，沒有任何組裝或是訂製的服務。我先想好書桌跟茶几的款式，再把尺寸給廠商下單，等到貨再自行組合。

我要的書桌很簡單，就是要夠長，但因為是放在沙發後面，所以尺寸不要大於沙發才會好看；訂製的沙發是210cm，書桌的板材就訂製200cm，兩人兩個電腦，中間再一個共用空間，剛剛好。

因為書桌深度正常，可以選用市面上的桌腳，我搭配了IKEA的桌腳，深灰色的金屬材質，配上實木桌面，更加的LOFT，而且現成桌腳與木板材只需要用螺絲就可以固定，非常簡單。桌下再置放IKEA的金屬抽屜櫃，與桌腳色系相同，也是LOFT感濃厚，放點簡單文具，書桌區就非常夠用。

一張自製大桌就能搞定雙人工作空間。

書桌椅也一反常態，選了一張經典款的搖椅，雖然不若傳統高背辦公椅舒適，但吸睛度滿分，套用VESPA的名言「不漂亮，毋寧死。」就算搖椅矮了點，還是要用。最重要的是朋友或家人來，都超愛坐在搖椅上，搖來晃去的上著網，我自己認為沒靈感的時候搖兩下，很容易思路暢通！

幾片木板配上白膠與L型鐵片，就能製作出符合自己大小與風格的茶几。

茶几也運用一樣的模式，自行訂購板材，再自行組裝。我很喜歡知名柚木廠商的ㄇ型茶几，但對我來説尺寸過小，價格也太貴，而自行設計則可以選用最符合的大小與高度，非常適合我。

只要一塊桌面，兩塊桌腳，黏合的白膠與L型鐵片，專屬於你的實木ㄇ型茶几就完成了，最重要的是只要1/10的價格，當然質感與大廠有差，但看在價格的份上，絕對心滿意足。再刷上自己喜歡的木色漆，獨一無二的家具就完成了。

裝修小提醒

木料下單要扣除厚度。

木料下單前要注意尺寸必須要扣除厚度。例如想做一張長100cm寬50cm高35cm的茶几，桌板的尺寸就是100x50cm，但兩個桌角必須扣除桌板的厚度，若是桌板選擇3cm的厚度，桌腳的尺寸就是50x(35-3)cm的尺寸，若按照字面尺寸下訂，則會多出厚度的高度。

誰說書架一定是書架？

我很愛挑戰既有印象，這點跟金牛座一點也不像。

一說到書櫃，又會出現系統櫃或是木工的大抉擇。想省錢用現成書櫃？那也不是我想要的，因為太制式化，一格格的固定大小好無趣！有沒有想過，層板也可以當書架？

我熱愛層板這個東西，他幾乎出現在我們家任何空間裡，他就像個初生嬰兒一樣，可塑性非常高，甚麼東西放上去，他就變成甚麼。放書上去，他就是書架，放餐具上去，他就是餐具架，而且一長條，愛怎麼放就怎麼放，沒有一格格的限制，不落地，鎖牆看起來更俐落。

誰說書架一定是書架？要他變成鍋具架，他也能馬上變給你看。

每種燈具都有不同的角色，客廳我就用了三種燈，吸頂的蜘蛛燈與窗邊的吊燈，是整體亮度與裝飾相關。而書架區用了MR16的美術燈，因為書架除了放書，還能放一些收藏品，像是老相機，小飾品等等，利用MR16光源照射，就能出現像精品店般的光線色澤。而書桌上方則用了無罩的反射崁燈，一樣的省電燈泡，去除了玻璃罩，亮度自然夠。而再加了金屬反射，燈泡的亮度會加倍，一樣的瓦數反而覺得更亮。

造型燈具是目光焦點。

Before vs. After

我熱愛層板這個東西，他幾乎出現在我們家任何空間裡。

aiko的省錢小撇步

免費的大型家具。

每次年節前，都會有大型家具的拋棄日，這時不妨去逛逛，每人對於垃圾的定義不同，也許其他人眼中的垃圾，就會是你眼中的至寶。我曾在大型垃圾中撿回只是髒了點，但超好坐的搖椅。還有這個放在窗邊的飾品架，只是因為螺絲鬆脫就進了垃圾堆。撿回它，鎖上新的螺絲，它的飾品功能讓我收納大量不同的耳環、戒指、項鍊，甚至各式眼鏡，誰想得到它前一刻還是個垃圾？

Before vs. After

架高地板省去收尾的價金。

客廳靠窗邊的部分因為採光的關係，打掉了一些牆，好讓光線穿透，而打牆的交界處，地板可能要修補磁磚，或是整平，還需要油漆修補，牽一髮動全身，不如將敲除的這區請木工架高，只需花一點架高地板的費用，卻能省下泥作整平貼磚及油漆修補的價金。

aiko的省錢小撇步

文化石自己貼。

文化石雖然不便宜，但只要一面牆，就能吸引所有人的目光。而貼文化石比較沒有防水或打底的太大要求，為了省預算，最好可以自己貼，利用易膠泥，由下往上貼、一塊塊黏貼，就算不填縫也挺好看！

自行設計組裝家具。

我很喜歡知名柚木廠商的ㄇ型茶几，但對我來說尺寸過小，價格也太貴，而自行設計可以用最符合的大小與高度，非常適合我。只要一塊桌面，兩塊桌腳，黏合的白膠與L型鐵片，專屬於你的實木ㄇ型茶几就完成了，最重要的是只要**1/10**的價格，當然質感與大廠有差，但看在價格的份上，絕對心滿意足。

層板也可以當書架。

一說到書櫃，又會出現系統櫃或是木工的花錢大抉擇。何不用層板當書架？我熱愛層板這個東西，他就像個初生嬰兒一樣，可塑性非常高，甚麼東西放上去，他就變成甚麼。放書上去，他就是書架，放餐具上去，他就是餐具架，而且一長條，愛怎麼放就怎麼放，沒有一格格的限制，不落地，鎖牆看起來更俐落。

客廳裝修工程

空間大小｜約7.5坪，高度2米6。
花費費用｜約30,000元。
運用時間｜2天以內。

(以上價格僅為活動家具，不含任何電器，燈具，窗簾飾品及基礎工程)

03

dining room

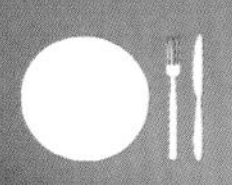

餐廳。

凝聚幸福的大長桌。

2米5的大長桌，桌上杯盤狼籍著，有酒杯，有水杯，還有一大堆未洗的碗盤。轉過身往層板上拿取新的杯具，再將蛋糕盤拿下，放入親手製的戚風蛋糕。順手拿起醒酒壺，小酌一番，由午餐時段，配著大伙談天時悅耳的銀鈴笑聲，一眨眼，又到了午茶時間。

一個親手製的蛋糕，一杯杯膠囊變出的咖啡，或是新奇又時尚的氣泡水，甚至來杯現做的熱呼呼豆漿，話題永遠斷不了，一切的歡愉及美味，都在這長桌上發生著，滿足了大家的味與胃。

大桌，承載著歡愉笑聲。

餐廳，是凝聚著全家人的地方。

不管是早餐的總匯三明治，或是午餐的紅燒牛肉麵，甚至晚餐的四菜一湯，都在這裡進行。也許早餐配著報紙，午餐晚餐配著電視，但我們都很清楚，大家在這長桌上，正一起凝聚著。

我的餐廳，不需要訂製很多高到穿透不了的隔間櫃，抑或反射光芒的大量鏡面，我只想要一個有著原木氣息的大桌，幾盞設計燈具，搭配實用又美麗的餐具展示著，這就是我心目中的幸福。

第四台裡的旅遊生活頻道，包羅萬象的節目，每一個都很有質感；還記得有個節目「酷男的異想世界 Queer Eye for the Straight Guy」，五位酷男各有不同專長，有人擅長美妝，有人擅長美食，有人擅長藝文，最令我驚豔的則是居家改造的那位Thom。不大動干戈，就以現場的條件，利用家具軟件與油漆色彩，巧妙的轉變，往往令主人尖叫不已。那時心裡就想著：我就是喜歡這樣的生活啊。

木質餐桌上隨意置放小物都很美。

還有另一個節目「誰來掌廚 Come Dine With Me」，主人必須做菜給其他的挑戰者，從列菜單、採買、烹飪、佈置等等，每每都讓我看得目不轉睛。尤其長桌上，放滿了菜餚與佳釀，雖然是競爭者，在餐桌上也能享受到一刻的悠閒，大伙閒聊著，就是一種單純的幸福。

跟著我，用一張大桌，串起整個空間的人事物吧。

原本的客廳空間，搖身一變成了咖啡廳般的用餐區。

找不到適合的餐桌，不如自己做！

一直以來，擁有一張大餐桌是我夢寐以求的生活。大伙圍繞著餐桌，可以喝咖啡聊是非，可以吃頓燭光晚餐，可以隨手烤個鬆餅當下午茶，是多美好的一刻？

兩個桌腳間一定要增加抓板。

桌板上色盡量與椅腳色相近。

我夢想中的餐廳，是一張3米的大長桌，放置在三面採光，陽光充足的所在。家裡符合這樣條件的地方只有客廳，如果要這樣排序，空間就會變為：餐廳→客廳→廚房。而廚房與餐廳中間隔著一個客廳，動線實在有點詭異。於是現在的餐廳雖然只有一面窗，但也能有溫暖的陽光懷抱，鄰近開放式廚房與客廳，更是居家中心點。

無奈設定餐廳的位置，若放了3米的餐桌，入口動線會被干擾，於是，設定餐桌的尺寸大約240x120cm，在找家具建材的時候找了一陣，因為設定的寬度頗寬，市面上沒有這樣的規格餐桌，勢必要訂製。訂製起來可又是個恐怖的花費，這樣的尺寸與款型，實木貼皮大約要3~5萬，全實木更要7~10萬，實在超出預算太多，之前在客廳篇有提到，網拍上有廠商是單賣實木料的，於是，找不到適合的餐桌，訂製又超出預算，不如自己做吧！

裝修小提醒

依個人預算選木料。

實木板材有許多種類型，這次選的是帶有濃郁木香的黃檜木，價格較便宜，木料也較軟。若是預算夠，建議購買柚木，不但木頭硬，木材本身的紋路也很美，可依個人預算選擇喜歡的木料。

接著，我參閱了一些餐桌圖片，找出我要的餐桌形式。並到一些家具店觀摩餐桌組合需要哪些支撐，再來就是列出桌面尺寸，桌腳尺寸，支撐料尺寸，下料到貨後就可以開始大顯身手了。

通常，餐桌的組合會是一個桌面，配上四個桌腳，而桌腳與桌腳間，又需要抓板抓住桌腳間的距離，好讓桌子更穩固。而桌面下，抓板與抓板的中間，我還會放一些橫料固定，畢竟自己亂組裝的餐桌雖然不夠完美，但最基本也要穩固不搖晃。與客廳篇中茶几的固定方式相同，接合處我會先用白膠固定，再用L型鐵片鎖緊。

實木的桌面本來就有點重量，等白膠完全乾後，整張桌子就比你想像中的穩固許多，且餐桌大多置放菜餚，刷上喜歡的木色漆後，可以再上一層耐熱漆，美觀度更能持久。這樣一來，一張屬於你專屬尺寸，卻能省下好幾倍價金的好用便宜原木餐桌，就出現了。

要自己組合家具，訂尺寸的時後必須頭腦清楚，像是哪邊需要扣除的尺寸一定要扣除，就像我訂餐桌尺寸的時候頭腦渾沌不清，短邊抓板的尺寸竟然忘了扣除桌腳寬度，組裝好後準備放上桌面才發現不對勁，只好捲土重來，先將固定好的木料拆除，再用鋸子一刀一刀的將多出的尺寸鋸除，而手鋸的平整度當然不若機器切割的美，雖然最後還是完成，但還是很扼腕，所以這種與尺寸相關的關鍵時刻，一定要頭腦清楚時再動作！

選了一張超大的實木餐桌，若再選用實木椅似乎有點太沉重，所以我選了搭配楓木腳的塑膠椅，簡單時尚也帶有人文風。而餐桌的色系盡量與椅腳相符，感覺就該是一套的餐桌椅，卻不落俗套。

塑膠椅搭配木腳，風格更搭配。

裝修小提醒

餐桌下可建置地插。

餐廳是用餐的大本營，冬日不免想來點火鍋，或是幾個朋友來訪，大家可以在長桌上用NB連線玩玩遊戲。建議餐桌下可以建置地插，不管是火鍋或是其他電器用電，都能使用。再也不用長長的延長線，美觀又安全。

餐廳。凝聚幸福的大長桌。

餐櫃變身專屬電器櫃。

一直以來，我都不喜歡木作或是系統櫃的訂製家具，除了一成不變的外型與色系外，價格也是我的考量。而且我一直不喜歡大型家具占據空間，我喜歡可以移動的家具，今天不喜歡，可以再換一種。但訂製後，哪天我不喜歡了，還要找人來拆除才能買新貨，對於懶人如我，實在不是個好點子。

不想跟別人一樣？就跳脫既有印象，誰說只有電器櫃才能當電器櫃？跟著我，用餐櫃成功變身電器櫃吧！

很多人喜歡極簡又窗明几淨的空間，所有的雜物都要收起來，怕髒汙，怕雜亂，但對我來說，甚麼都沒有又好像少了點生活感，所以我喜歡選擇好看的家電，就算擺出來，也能漂漂亮亮。好的東西，當然要讓大家看見，藏起實在太可惜。

之前的舊家因為空間有限，只能用高身形的電器櫃向上發展。雖然讓我塞進了很多電器，但內心總是渴望有個平台置放著各式電器，好看又方便使用，不用伸得高高的手，從微波爐中拿出熱燙的菜餚。

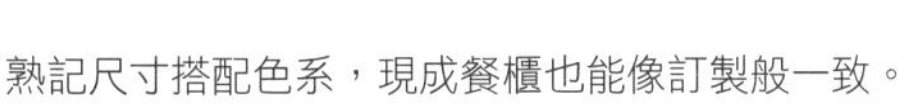
熟記尺寸搭配色系，現成餐櫃也能像訂製般一致。

而在網拍逛啊逛的，讓我找到了一款喜歡的餐櫃，家裡可放餐櫃的空間寬度是3米2，而這款餐櫃寬度則有4呎與5呎，轉念想了一會，買兩個5呎的餐櫃放一起，剛好3米，剩下的20cm就算留白也不會太怪，空間不一定要塞滿才是美麗，最重要的是購買現成家具大約只要訂製櫃的2~3折價錢，可以省下不少花費。

我的餐廳與廚房有50cm的高低差，而這款餐櫃高度80cm，剛好可以把高低差掩蓋，而在80cm高的平台上置放各種電器，像是微波爐、烤箱、電鍋、咖啡機，使用高度都很剛好，漂亮的電器又能當作裝飾，非常一舉數得。

而餐櫃通常只是拿來放些乾貨、餐盤，放了電器，要怎麼使用呢？不用擔心，在裝修前，就先設定好這是電器櫃區，請水電留好管路後，再將電源接進餐櫃中，插座設計在餐櫃背面，平台上放的各種電器就有專屬的迴路電源。如此一來，市面上的現成家具就能當做像訂製般的電器櫃了！

至於餐櫃本身，我選的是有抽屜，也有門板的餐櫃，但是中間卻是開放式，沒有那麼封閉反而更有設計感。在看得到的地方，擺出漂亮的杯具，淺抽屜可以置放一些密封袋，保鮮膜等等的小物。深度較深的抽屜就依照高低，立著置放一些烘焙用品，一目了然更好取用。而門板類的收納空間，則可置放一些體積較大，可整盒放入的即食粥品、麵類。零散的茶包可用小盒裝起，拿取時抽出盒裝就可輕鬆選擇，一些茶品也可收納至透明罐中，不但清楚明瞭內容物外，也能了解剩餘量。

我喜歡選擇好看的家電，就算擺出來，也能漂漂亮亮。

燈光，讓食物更美味。

基本大型家具與家電底定後，就是氛圍的營造了。

燈光，在氣氛的營造上，扮演了重要的角色。通常餐廳會採用下照吊燈，用餐時，燈具的光源照在食物上，總讓食物看來更迷人，也更加的愉悅。這次長度2米4的餐桌上，我使用了6盞吊燈，且6盞吊燈裡，就有3種款式。選用設計感強烈的燈具，在大小高度不同的情況下，排列組合成最喜歡的方式，餐廳變得更有設計感，燈具就算沒開，也能當重點裝飾。

裝修小提醒

挑選材料：實用又美麗。

實用又美麗的產品，是創造空間的靈魂。在需要時非常實用，不用時卻擺著也美麗，就像設計感強烈的燈具，就是這種可一兼二顧的產品，是我挑選材料的首要關鍵。

餐廳。凝聚幸福的大長桌。

俐落的牆上展示空間。

留白的牆面依舊用IKEA與特力屋規格品的無支架層板，有楓木色、胡桃色與黑色，而IKEA與特力屋的尺寸都不同，特力屋的厚度較薄，但安裝方便。IKEA的安裝比較需要仔細核對，但厚度較厚，各有優點，可以依尺寸挑選。

這款無支架層板我很喜歡，在牆上出現就感覺很俐落，但切記因為是隱藏支架，不要放太重的物品，若要置放較重物品，建議還是挑選傳統的有支架層板。

這種層板的好處就是變化性大，放在客廳或書房就可以當書架，放在餐廳時，就可以變成漂亮餐具的展示櫃，非常方便好用，不落地的特性讓以往被家具占領的地面更好清掃外，也讓風格更加俐落。

用層板代替餐櫃，更俐落有型。

aiko的省錢小撇步

原木大餐桌，自行下料組裝。

市面上沒有裡想的原木餐桌尺寸，訂製起來又是個恐怖的花費，不如自己動手做。網拍上有廠商是單賣實木料的，下料到貨後就可以開始大顯身手了。接合處用白膠固定，再用L型鐵片鎖緊。餐桌大多置放菜餚，刷上喜歡的木色漆後，可以再上一層耐熱漆，美觀度更能持久。這樣一來，一張屬於你專屬尺寸，卻能省下好幾倍價金的好用便宜原木餐桌，就出現了。

現成家具變身電器櫃。

餐櫃也可以變身電器櫃，請水電留好管路後，再將電源接進餐櫃中，插座設計在餐櫃背面，平台上放的各種電器就有專屬的迴路電源。如此一來，市面上的現成家具就能當做像訂製般的電器櫃了！最重要的是購買現成家具大約只要訂製櫃的二至三折價錢，可以省下不少花費。

利用層板創造展示櫃。

餐廳留白的牆面，可用IKEA與特力屋規格品的無支架層板，創造出漂亮的餐具展示櫃空間，非常方便好用，不落地的特性讓以往被家具占領的地面更好清掃外，也讓風格更加俐落，更能省去訂製展示櫃的價錢。

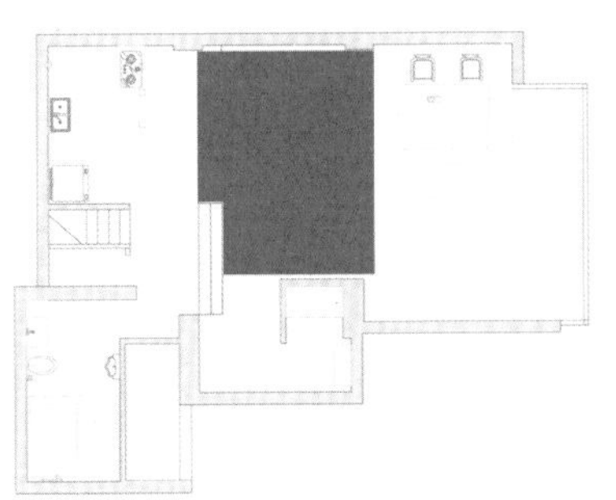

餐廳裝修工程

空間大小｜約6坪，高度2米8。
花費費用｜約40,000元。
運用時間｜2天以內。

(以上價格僅為活動家具，不含任何電器，燈具，窗簾飾品及基礎工程)

04

kitchen

廚房。

廚藝教室般的夢幻舞台！

開啟層板燈，在水槽中仔細的清洗著食材。

在料理台前，佐著和煦的春日光影，慢慢的和著麵皮，等待發酵後，擀成我喜歡的方形薄皮。聽著納京高低沉的爵士，拿出紅通通的牛番茄，慢慢的，悠閒的切成片～再到陽台，將因為陽光、空氣、水三要素都充足，而長的高高的羅勒採集下來…

麵皮為底，刷上底醬，再放上新鮮的紅色牛番茄、綠色的羅勒、白色的起司絲，綠紅白這構成義大利最重要的三個色系，現在卻身在台北的家中！這個連王妃都驚喜的口味，讓你輕鬆就能實現身在義大利的悠閒。

廚房裡，總能輕易的用美食來場異國之旅。

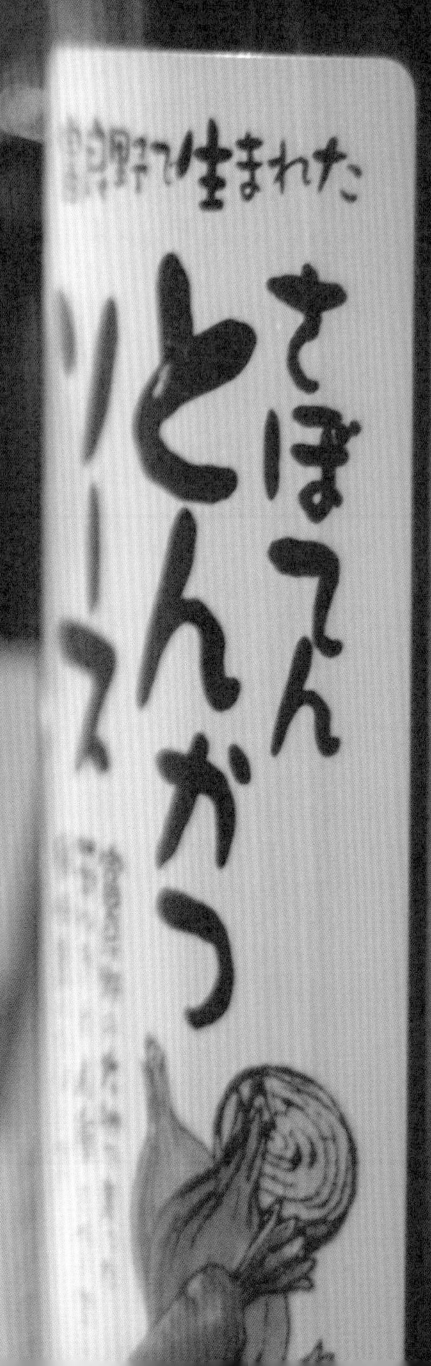

廚房。廚藝教室般的夢幻舞台！

我要開放式廚房！

有甚麼比擁有一個大廚房更能令女人歡欣不已？

第一個家，是普通到不行的一字型廚房，只有150x190cm的大小，而且是獨立廚房，每次一進到廚房，總覺得好像與外界斷了聯繫。第二個家，好不容易是個開放式廚房。但是非常小，大約是190x190cm的L型廚房，一人轉身剛剛好，兩人入內則顯得擁擠。第三個家，有個大廚房，但是是獨立廚房，熱愛開放式廚房的我，內心不斷的告誡自己：我要開放式廚房，我要開放式廚房！於是我決定改格局，將廚房外移，務必要是個開放式廚房才能了卻心願。

東看看，西看看，原本的書房雖然比我心目中的廚房空間還來得小，但因為位置適合，管路也接得進、出得了，就這樣天時地利人和的情況下，我要在書房的位置生出一間廚房。

當我決定從書房變出一間廚房後，就開始進行不斷的規劃。必須先與水電討論管路變動的可行性，像是是否可進水？排水是否順暢？在還沒看到這邊間的屋子時，我本來已經要下訂同一排的另間屋子，直到看到這邊間屋才緊急踩煞車，除了邊間的採光通風絕佳之外，邊間的格局變動也比較有彈性。

Fujidinos贊助的美麗鍋具，讓家人也想小露一手。

少了吊櫃，空間更開闊。

邊間的屋子與連棟的屋子若都想要更改廚房位置，邊間也許可以走外管，但連棟只好接回最近的地排處排水，又因為洩水坡度的問題，勢必要墊高地板才能順暢排水。相較之下，邊間除了採光通風外，管路更動也更有彈性，這也是通常買屋時，邊間的單價會較高的原因。

而管路的問題確定後，就可以開始規劃廚具了！水槽在哪邊，爐台在哪邊，油煙機在哪邊，要不要洗碗機，要不要加烤箱都跟配管有關。水槽區及洗碗機需要進排水，爐台需要瓦斯或電，油煙機需不需要洗孔，烤箱要110V或220V的電，冰箱與電器插座要設在哪邊？這些都要事先規劃完畢，以免心目中的夢幻廚房變了調。

Before vs. After

原本老舊的書房，搖身一變成為夢幻舞台。

依格局選定廚房款型。

廚房的型式百百款，有一字型、二字型、ㄇ字型、ㄴ型，端看空間大小與格局來配置。一般來說，小套房或是較小的居家空間多為一字型。但相同為一字型的廚房，開放或獨立就有很大的不同。

舉例來說，一間190x150cm的獨立廚房，放了一字型廚具，150cm的寬度扣除櫃體的60cm，剩下90cm。但因收納不足，後方多會再放上層架或櫃體，可能僅剩45-60cm的寬度，顯得頗為擁擠，絕對不想再擠進第二個人。但若是開放空間內擺上一字型廚房，後方空間充足，就算三、四個人在後方走動也不顯侷促。

爐臺邊調味料方便好拿取。

檯面加寬，下方置放椅子變身用餐區。

而最黃金比例的廚房莫過於L型廚房，一邊水槽、一邊爐台，洗完菜轉個身就能炒菜，一次搞定所有需求，所以總是最方便的格局。若空間再寬敞點，則可選用ㄇ型廚房，除了L型廚房的優點外，還能再加一個備餐檯或是電器平台，是非常完美的廚具規畫。但必須要空間夠大，走道夠寬，不然也會有獨立廚房的細窄格局感，容不下第二人。

以我自己而言，我覺得L型或二字型的廚房走道最少要有90cm，ㄇ型廚房則最好有120cm，較不顯侷促。

烤箱與爐台分開。

若要使用烤箱，很多人會選擇設計在爐台的下方，就像國外爐連烤的模式。但我本身不太喜歡這樣的配置，因為若上方在烹煮食物，下面再烤另一種食材，腳邊多少會感受一點熱氣外，萬一爐台上的食物正是不可離開的情況，又必須開烤箱門取物，烹飪者就必須選擇離開爐台位置，或是不開烤箱門，動線實在不是那麼方便。不如將烤箱往旁邊移，爐台下方一樣配置抽拉籃的收納模式，這樣烹煮完菜餚，拉開抽屜就能取盤盛裝上菜，多方便。而烤箱與爐台分開，一人炒菜，另一人要開烤箱取物，也不會有與烹飪者打架的動線錯亂感。

人文風，木紋美耐板。

現代人對於廚具越來越要求，廚具的變化也越來越多。光是檯面就有珍珠板、美耐板、人造石、大理石、實木等選擇。面板更是多樣化，除了美耐板、水晶板之外，還有結晶鋼烤、鋼琴烤漆、實木等等，總讓人眼花撩亂。

我個人不愛太閃亮的材質，除非是全白，不然幾乎不會使用水晶板、結晶鋼烤等材質。而這次要走的風格就是人文風，當然要以我愛的木質為主。許多人要使用木質或鄉村質感，通常都會選擇實木，因為質感好，色系變化多。但對我來說實木的單價超出我的預算，而我這個懶惰又粗心的人，用上這麼好的材質可能常常果汁打翻也忘了擦，久了怕會有發霉的窘境。且家裡有寵物，狗兒或是貓咪伸個懶腰或是愛上實木手感而磨起指甲來，絕美的木質就會被破壞。所以這種太好的材質因為預算與寵物及我粗心的程度，實在不適合。且這次是帶著LOFT的人文風，用實木門板又太鄉村，卻又無法捨棄木紋的質感，該怎麼辦呢？

不用擔心，其實很多人都不知道，現在的美耐板越來越厲害，早在幾年前，各家廠商新研發的木紋美耐板就讓我驚艷不已。以往的木紋美耐板，總是木紋質感差，亮面的材質又看來很假，幾乎不太會使用。但是這幾年來，美耐板廠商研發的木紋美耐板已經突飛猛進，除了木紋越來越接近木皮的花色，有些還有對花壓紋，甚至還有超有質感的消光面，如今的美耐板已經不可同日而語。既然預算少，那就選塊質感好的美耐板吧，效果會讓你意料不到的好，最重要的是價格比實木便宜不少，耐水耐磨的特性也更好保養。

不僅門板，檯面也可使用美耐板，但建議用在一字型或是二字型的廚具上，因為L型或ㄇ字型的廚具因有轉角，美耐板無法無縫處理，多會有醜醜的收邊條，就少了仿實木的質感。

木紋美耐板已發展成熟，花色美麗。

廚房。廚藝教室般的夢幻舞台！

廚藝教室的完美動線。

這次的廚房約莫是正方形的空間，原本當然想設計成夢幻的ㄇ型廚具，但是空間真的不夠大，想要退而求其次的配置L型廚房，但其實轉角處那60x60cm的空間等於共用，又好像不太物盡其用，最後我選了二字型。一邊是水槽備餐區，一邊算是靠牆的中島區。試問，有哪個女人能抵擋家裡有中島的攻勢呢？

基本格局出現後，就要開始爐台、電器等等的配置。一個完美的動線，就是打開冰箱，拿出菜後置放在流理臺上，再清洗或切段。於是我水槽備餐區的動線則是：冰箱→置物台→水槽→切菜台。這樣的配置，讓備餐時非常順暢的一氣呵成。因為水槽有深度，下方又有管線，所以水槽的櫃體下方基本上無法置放大型機台。通常都是放些淨水器、保鮮盒或瀝水用品。所以我將水槽向外移個60cm，剛好有個置物平台可以放置從冰箱中取出的物品外，60cm的櫃體下方也能放入洗碗機，空間完全不浪費，且動線極佳。水槽再過來的切菜台下方因無管線，可以完整的收納，建議用抽拉籃而不要用左右開門的櫃體，因為左右開門的櫃體通常開了門後，60cm深度的置物空間會有前後置物不好拿取的問題，而抽拉籃一拉就一目了然，拿取物品非常方便。

而通常靠牆區的廚具，多還有個上櫃，但我不喜歡那麼多的櫃體，總感覺讓空間更擁擠。於是我省下上櫃的錢，一樣利用IKEA的無支架層板，在牆面上創作出三層擺設空間，把平日收藏的漂亮鍋具一個個的擺放在層板上，再利用IKEA木質置物架，擺放常用的調味料，廚藝教室的氛圍就此立現。

利用層板展示調味料與鍋具，營造廚藝教室氛圍。

中島爐台，大膽設計！

水槽備餐區對面則是爐台中島。事實上，確定了二字型後，水槽與爐台的位置著實讓我傷了不少腦筋。台灣人因為習慣，多將爐台置放於靠牆的一邊，而中島區配置水槽，這樣不論是洗碗或是備餐時多可與親友互動。但因為去過不少廚藝教室，大多把爐台設計於中島，這樣邊做菜邊與親友互動的感覺讓我覺得好棒，優點是可以來個居酒屋般的夢幻燒烤趴，缺點則是萬一不小心把菜炒糊也會一清二楚，但這樣的配置對台灣人來說多覺得會油煙四溢。

幾番交戰之後，還是決定要就做大多數人都不敢用的中島爐台。中島櫃體60cm，檯面則加深到90cm，這樣檯面比櫃體多出來的地方可以置放椅子，人少時可以像真的廚藝教室一般，邊煮邊用餐，超夢幻的情境。而到現在我仍相信這樣的決定是對的，因為每個朋友來，第一句話都是：這裡是廚藝教室吧？

台灣人因為民情關係，多半會比較細心，總覺得中島爐台或是鍋具開放式置放可能多油煙很難清洗，但若甚麼都顧慮容不容易打掃，生活的美感勢必被打壓。只要願意每次烹飪過後順手一擦，就不用擔心年節時那油煙難清理，不如放膽去做吧。

中島爐台有意想不到的吸睛效果。

好用的Fujidinos蒸煮鍋，讓烹飪更省時。

至於油煙機，中島的T型油煙機跟靠牆的T型油煙機幾乎長的一模一樣，只是一個是靠牆固定，中島型則是靠天花板固定，而因為中島油煙機大多為進口產品，價格比靠牆的國產T型油煙機貴上好幾倍！若做木作包起，可以使用比較便宜的國產T型油煙機，但又好似少了中島油煙機那種簡單俐落的感覺。最後還是忍痛用了中島油煙機，才能保有簡單的俐落感。一開始也很擔心會油煙密佈，或是做菜時大失敗而被恥笑，但到目前為止，中島爐台的配置讓我很滿意，因為，在家就可以像居酒屋般來場華麗燒烤趴，多令人開心？

而爐台上方的中島抽油煙機建議盡量選比爐台大的尺寸。因為中島油煙機多為進口，國外的烹飪方式比較少油煙，吸力多沒有國內抽油煙機來的強，所以選大一點的尺寸，全面包覆，讓油煙更能吸得乾淨。

聚焦，燈光照明的藝術。

上一間舊屋的廚房除了較小之外，我也覺得亮度不太夠，所以這次廚房就使用了三款燈具。通常因為廚房天花板中會有一些管路與排風的關係，天花板的高度會比客餐廳來的低矮，而且我們家的格局特殊，往廚房還要踩踏三階樓梯，又架高了50cm，還好我們的樓高有3米1，扣除50cm的架高，再扣除天花板下降的30cm，雖然還有2米3，但若裝複雜的燈款還是會顯得低矮。

於是我在走道上方裝設了四顆崁燈，與天花板齊平，不顯壓迫，又能提供全面的光照。而水槽的上方，層板的下方則鎖上了T5的層板燈，這樣在水槽準備前置作業時，能夠更明亮。

中島區因為有個120cm的中島油煙機，內部就有配置燈具，烹飪的時候單開油煙機上的燈照度就夠，另一區沒有油煙機的中島上方，則配置了兩盞設計吊燈，高度與油煙機相同，以保有一致性。這款燈具使用MR11的崁燈，我以LED燈泡取代傳統崁燈，既省電，熱度也不像傳統那樣高。而玻璃燈罩內部裝水後，映在中島上的光影就如陽光般的耀眼，每每成為眾人的目光焦點。

廣照燈源、重點照明與裝飾燈具各有用處，一個都不能少。

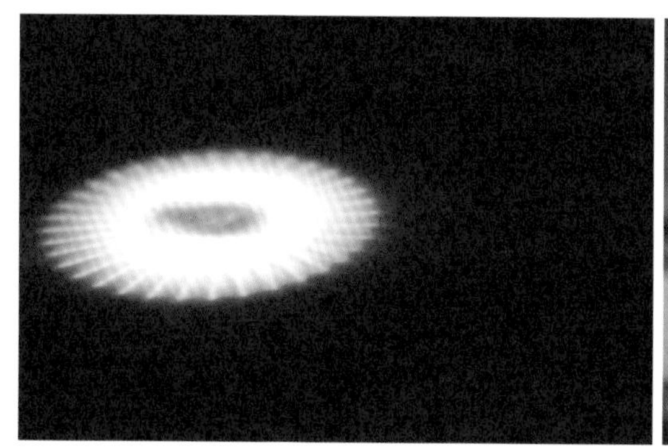

加了水的MR11崁燈，有如夢似幻的光影。

到底要不要洗碗機？

常看到很多人對於洗碗機實不實用的問題討論著。其實沒有甚麼實不實用，只有需不需要！因為家裡常開派對宴客，以往在舊家那小小的廚房裡，鍋碗瓢盆來不及洗就算了，連放也沒地方可放，讓我埋下了「一定要有洗碗機」的願望。因為我需要，所以對我來說，這就是實用的產品。

雖然我跟先生KJ洗碗很快，但每當宴客完，我們在廚房洗碗時，友人總會因為不好意思，忍不住詢問是否需要幫忙，或是主人不在，友人們也多會不自在。而我們宴客的最高原則，就是客人只需要動手動口吃喝，絕對不用幫忙的情況下，有個洗碗機，在杯盤狼籍後，所有的碗盤送入洗碗機中，按下按鈕，主人依舊可以與賓客盡歡，賓客也不用因為主人洗碗而不好意思，且數據記錄洗碗機用水量甚至比手洗來的省水，至於多出的電力，就當與賓客盡歡的付出囉。

市面上洗碗機有很多種，桌上型、抽屜型、落地型、半崁型等等。如果家裡人口少，卻又有洗碗機需求，可以買個桌上型的洗碗機，通常比較小，適合小家庭。而抽屜型的洗碗機則是我的夢幻逸品，像派克魚的抽屜洗碗機我就超喜歡，一般落地型洗碗機多為12人份，而派克魚一抽大約6人份，可依需求裝設多個，而且與抽拉籃原理相同，一拉開一目了然的置放髒碗或收

裝修小提醒

伸縮水龍頭。

以往水槽常常會有邊緣洗不到，需要用手接水潑灑才能清潔的窘境。若選用伸縮龍頭，不僅當做是一般龍頭，還可將伸縮龍頭拉起，沖洗水槽邊緣的油污，頗有短型蓮蓬頭的方便處。

起乾淨的碗，真的非常棒，可惜超出我預算太多，只好眼巴巴的放棄，選擇了半崁落地型洗碗機。

選用落地型洗碗機，若是櫃體花色不同，可能會顯突兀。所以我選了半崁型，上方的面板保留，下方則可使用與廚具同款的材質覆蓋，更加一體成型。有預算的話，建議使用抽屜型洗碗機，不用蹲著打開面板，才能再將拉籃抽出，少一個步驟，更加方便。

裝修小提醒

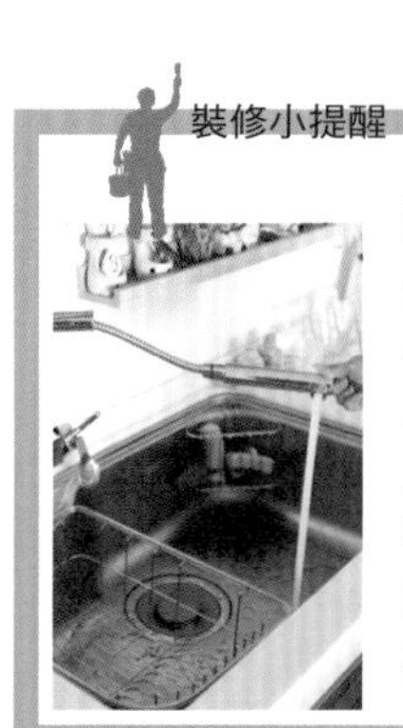

好用的水槽。

水槽有分大小雙槽或是一大槽，我個人偏好一大槽，因為可以洗大鍋，若是大小雙槽，往往太大的鍋具無法一次塞入。而水槽有分不銹鋼亮面及毛絲面，我個人偏好毛絲面，較有質感，且盡量選擇有防汗處理的水槽，水槽較不會因為冷熱交替時下方滴水。

aiko的省錢小撇步

善用美耐板，經濟實惠又美觀。

美耐板廠商研發的木紋美耐板已經突飛猛進，除了木紋越來越接近木皮的花色，有些還有對花壓紋，甚至還有超有質感的消光面，如今的美耐板已經不可同日而語。既然預算少，那就選塊質感好的美耐板吧，效果會讓你意料不到的好，最重要的是價格比實木便宜不少，耐水耐磨的特性也更好保養。

不用櫃體改層板。

通常靠牆區的廚具，多還有個上櫃，但我不喜歡那麼多的櫃體，總感覺讓空間更擁擠了。於是我省下上櫃的錢，利用IKEA的無支架層板，在牆面上創作出三層擺設空間，把平日收藏的漂亮鍋具一個個的擺放在層板上，再利用IKEA木質置物架上，擺放常用的調味料，廚藝教室氛圍就此立現。

LED燈泡取代傳統崁燈。

沒有油煙機的中島上方，配置了兩盞設計吊燈，高度與油煙機相同，以保有一致性。這款燈具使用MR11的崁燈，我以LED燈泡取代傳統崁燈，既省電，熱度也不像傳統那樣高。而玻璃燈罩內部裝水後，映在中島上的光影就如陽光般耀眼，每每成為眾人的目光焦點。

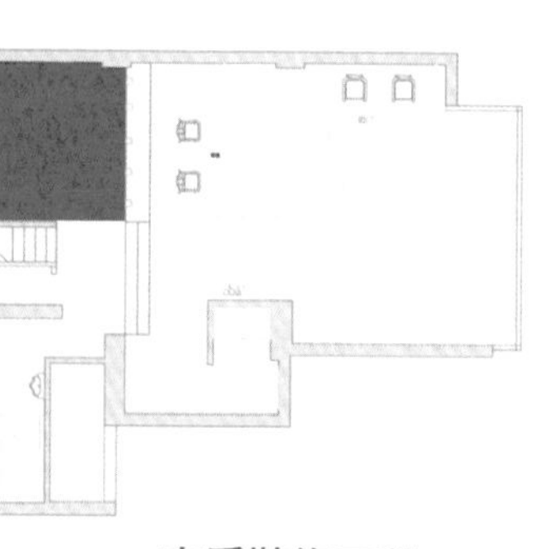

廚房裝修工程

空間大小｜約4坪，高度2米35。
花費費用｜約130,000元。
運用時間｜3天以內。

(以上價格僅為活動家具，不含任何電器，燈具，窗簾飾品及基礎工程)

05 bath room

衛浴。

獨立浴缸的泡澡享受。

2.5坪的廚房空間，改成衛浴，是多令人開心的一件事？

橫貼的鑿面磚，配著簡單的木紋吊櫃，一旁的壁面上掛著松木吊架，放滿了盥洗的瓶瓶罐罐。想要看得更真切，點亮頭上的崁燈，面容頓時明亮了起來。小巧的馬桶，搭配了緩降馬桶座，不會再被失手放下的馬桶蓋聲響驚嚇到。而牆面上，掛著夢寐以求的小便斗，再也不用浪費唇舌討論著馬桶蓋應該放下還是掀起。

一半的空間是乾區，另一半則是完全的濕區。淋浴滑門裡，有著舒適的花灑。疲累了一天，總要犒賞一下自己，轉個身，獨立浴缸的泡澡空間就等著你。

衛浴空間，就是讓人消除疲累的所在！

一層一浴室，廚房變衛浴。

衛浴空間對我來說，實在是非常重要。拖著一整天的疲累身軀，或是不巧淋了一場大雨，抑或陽光毒辣的令人香汗淋漓，都讓我想馬上躲進這個可以讓我洗滌身心的地方。洗去臉上多餘的妝彩，換下隱形眼鏡，轉開熱水讓室內煙霧瀰漫，洗滌身心後，整個滑入浴缸，讓水的浮力褪去身上的疲累。

這屋子一切都好，但雖是樓中樓格局，樓下沒有任何廁所，樓上卻配置了兩間廁所。對我來說一層一浴室是必備的。剛好我要把廚房移出來變開放式廚房，不如就把原本的廚房空間改為廁所吧。

這樣的變動會有點小小的困難，因為廁所的糞管跟廚房一南一北，一上一下，實在相隔甚遠。若要遷糞管，則需要墊高20~30cm，實在是浩大工程，且樓高會變低。原本正打算要放棄時，突然想到「小便斗」這三個字。在家裡有個小便斗多棒？再也不用討論馬桶蓋的去向。男女有別不再互相干擾，來訪的友人都嘖嘖稱奇，最重要的是小便斗放在家裡真的很實用。

小便斗與馬桶同接污水管，再選用緩降馬桶蓋，就不會有不小心製造出來的碰撞聲響；兩者一樣用接汙水管的方式排放，雖然不能大號，但至少解決了樓下沒廁所的怪異格局。於是，樓下浴室就成為了沒有糞管的廁所。

Before vs. After

樓下原本老舊的廚房，變身為衛浴空間。

橫拉浴門省空間。

衛浴空間與廚具空間相仿，水電的配置是第一步。像是面盆位置、馬桶位置、花灑浴缸等等，都有進排水的需求，要在動工前先討論規劃完成。插座的配置也很重要。通常洗手台附近一定會有個插座，想使用美容美髮產品、吹風機等等，靠他就對了。也因為現在免治馬桶的普及，多數人會選擇在配管路時先預留免治馬桶的插座，日後若有需求時，可以馬上派上用場。

燈光的部分因為衛浴管線的關係，天花板多半也較低矮，所以盡量使用簡易的平面崁燈，在洗手檯上方可以配置一個鹵素燈，方便女性朋友補妝使用。

淋浴拉門多為推拉款式，但多了開門半徑的限制。樓下浴室拉門門口就是馬桶，雖然空位還頗多，但若搭配推拉門，感覺空間就被侷限。若是面寬夠，這時不妨使用橫拉款式的淋浴拉門，少了推門半徑，讓空間更有彈性。

許多地方浴缸與淋浴區是共用一個出水口，其實這樣非常不方便。到底要先洗澡還是先放泡澡水？先洗好澡再放泡澡水，等待的時間實在很漫長。而先放好泡澡水再洗澡，洗好後泡澡水都涼了！不如在規劃時，淋浴區與浴缸區各有一個出水口，就不會打架。

木紋吊櫃簡潔大方。

裝修小提醒

不銹鋼地排，防臭防蟑。

浴室排水多是10x10cm的方形地排，這樣看來實在很無趣。樓下淋浴間寬度就有2米，於是我設定在花灑空間下，放入一支120x10cm的地排，整排的不銹鋼非常有質感，而且防臭防蟑，再也不用怕小強如入無人之境。

獨立浴缸，設計感強烈！

以往的浴缸，很多都是無牆浴缸搭配泥作砌牆。但我很不喜歡浴缸與泥作交界處，縫隙的地方不是黃黃黑黑，就是會出現一種小小的、蹦蹦跳跳的潮濕蟲。所以這次選了獨立浴缸，許多設計感強烈的飯店，多半使用這種極簡有設計感的浴缸當廁所的空間主軸。不但會比砌牆浴缸來的精彩，也不用擔心接縫處的清潔，一舉數得又美麗。

樓上浴室本來各是1坪多的主浴與客浴，因為樓下已經生出了一個廁所，索性樓上就將兩間廁所打通，讓整個廁所面積融合，成為一個方型的大浴室。不過這個廁所的缺點則是沒有窗戶，偏偏我對採光通風卻又非常要求，於是打除兩間廁所的隔間牆外，還打除了對外的牆面。捨棄原本的不透光水泥牆，利用玻

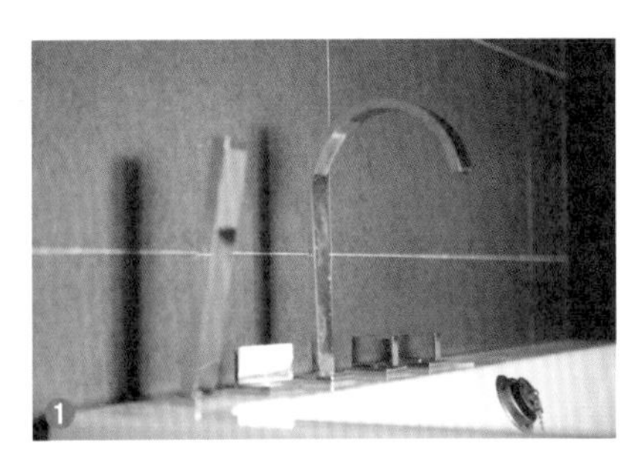

1 五件式缸上龍頭美觀好用。
2 方型大浴缸，水花不四散。

璃當作隔間牆，引進起居室明亮的光線，兩坪半的衛浴頓時陽光滿滿。空間變的明亮，就算選擇了深灰色系的鑿面磚橫貼，也不覺幽暗。

利用玻璃替代隔間牆，除了採光變好外，還能讓空間變得更寬敞！一般水泥隔間厚度大約12cm，而玻璃頂多1~1.2cm。不要小看這省下的10cm，可是會讓空間感變的舒適不少。

方型的浴室搭配玻璃牆面，看起來空間更穿透，若使用一般獨立缸，不但小了點也不夠吸引人。於是我選了與空間相呼應的方形浴缸，就算大如120x120cm的尺寸，放在樓上衛浴空間中也不顯笨重。缸上再挖出孔洞搭配五件式缸上龍頭，整個焦點就出現。也因為浴缸夠大，直接在裡面洗澡不會水滴四散，也省了淋浴間的費用。

一體成型，面盆吊櫃好清理。

還記得第一間房子的廁所，用的是普通到不行的立柱面盆，實在不喜歡，但又因為不到1坪的廁所，實在小的可以，且當時也沒預算更換，就這樣用了2年。而第二間屋子的浴室用的是浴櫃，不小的浴櫃搭配下方閃亮亮的調整腳，實在有點笨重。石材檯面搭配下崁式檯面盆，也容易藏汙納垢。

這次新家選用了簡單的壁掛吊櫃面盆。其實收納空間不用過量，夠用就好。如果為了收納量，甚麼地方都要做大型的櫥櫃，只會顯得空間更擁擠。吊櫃的好處除了極簡之外，下方沒有任何腳料落地，可以輕鬆的打掃而不用擔心污損腳料。且讓空間更加的開闊不笨重。

關於面盆的選擇，其實我一直喜歡檯面盆，一個個的碗公放在檯面上多可愛？可惜交接處多少容易髒汙，這次發現了一體成型的面盆，兩邊是平面的置物台，中間則是凹陷的水槽區，簡單不複雜，也不會有檯面與面盆交界處的髒污問題，非常方便。

以往的老房子雖有抽風機，但多半是抽到天花板上方的空間迴盪，並無抽至室外。於是我在外牆重新洗孔(這也是邊間的優勢，對外就是戶外空間，不像連棟有隔鄰的問題)，裝上三合一暖風機，可真正的排風至室外。不但可將室內混濁空氣抽出，還能給予涼風，替代窗戶的功能。冬日更能提供陣陣的暖風，非常方便與舒適。

Before vs. After

樓上兩間廁所打通成為一間超大浴室。

aiko的省錢小撇步

毛玻璃，不封窗。

樓下的廚房改為廁所，浴缸邊剛好是個大窗，外又是儲藏室，很容易春光外洩。封起窗來除了影響採光通風，也會增加泥作預算，但不封起又怕春光外洩。拿捏了一下預算及對採光通風的要求，決定用更換窗戶的模式更動。其實浴缸邊就算是霧玻璃窗戶也因為隱私而不可能常開。於是我下方使用有隱私但能採光的固定毛玻璃，上方則是可以通風的橫拉窗戶，保留了採光與通風，整窗不像上下窗那樣的過度分割，也省下了封窗的泥作預算。

衛浴。獨立浴缸的泡澡享受。

一般馬桶，配免治馬桶蓋。

一體成型的免治馬桶單價高，這時不妨選用一般馬桶，再選配合適的免治馬桶蓋，可以省下非常多的預算。

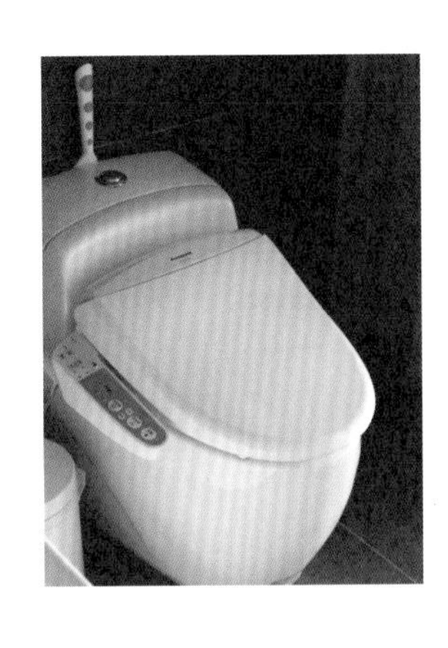

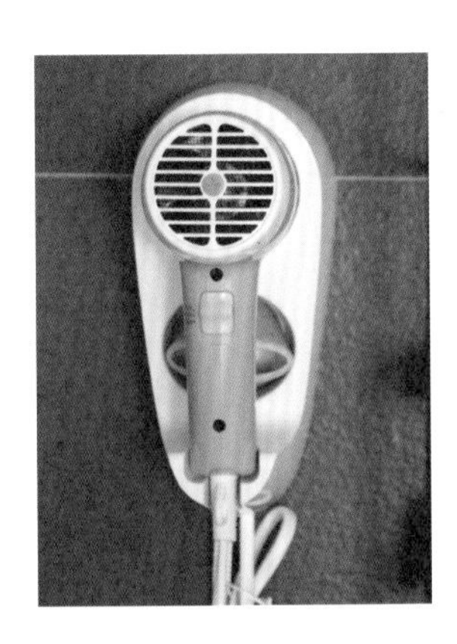

帶有開關的插座。

浴室多少都有水氣，吹風機若是長時間插在插座上，也許會有漏電的可能。建議購買市面上有種帶有開關的插座，要使用時再把插座上的開關打開，用畢後就關起，完全斷電，既可省電，安全也多一層保障。

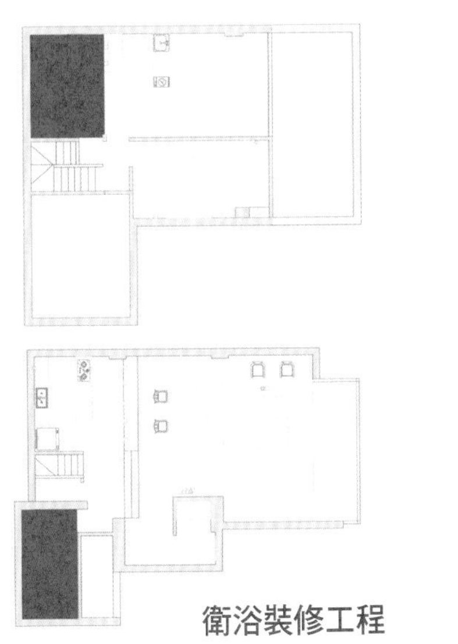

衛浴裝修工程

空間大小｜約5坪，高度2米15。
花費費用｜約80,000元。
運用時間｜2天以內。

(以上價格僅為活動家具，不含任何電器，燈具，窗簾飾品及基礎工程)

06

stairway & storeroom

樓梯&儲藏室。

穿梭空間的過道。

我喜歡樓梯，輕巧的走上走下，就這樣把兩個不同樓層的空間連結了起來。梯間，還能擁有不同的美麗裝飾。

樓下是客餐廳、廚房與儲藏室的公共空間，樓上則是臥室、更衣室、起居室的主人空間。一上一下，互不干擾，全都賴由這個復古的水泥樓梯接續著。

你呢？想往上還往下？

沒有扶手的梯，造型更俐落。

我很喜歡樓中樓格局，公共空間與私人空間可以明確的分開，所以家裡有樓梯，是我喜歡的風格。

樓梯，其實對很多人來說是一種麻煩的象徵，因為爬上爬下總會疲累，又因為安全，所以一般人多會利用木質或是金屬做為扶手。但相較之下，我卻更喜歡沒有扶手的梯，空間感更加開闊，造型也更加俐落。

裝修小提醒

安全第一。

若是家中有老邁長輩或幼童，梯間可能就不能用這樣的「開闊法」，畢竟有長輩或幼童還是要安全第一。

扶手去除後，樓梯空間變得更穿透。

梯間變身小畫廊。

家裡有兩支梯，一個是從餐廳到廚房的三階梯，我一直很喜歡這樣的半層空間。另一支梯則是樓下與樓上的連接橋樑。連接樓下與樓上的樓梯頗窄，大約僅有75cm，全水泥灌漿而成，非常復古。比起以前舊家木製的梯，容易大力跳就鬆動，水泥梯實在讓我很有安全感。怎麼跳也屹立不搖，最重要的是非常復古。

裝修小提醒

規劃雙切開關。

樓梯區在水電規劃時務必規劃「雙切開關」，這樣樓下開燈，可以樓上關燈，才不用跑來跑去開關，增加麻煩。

選個造型燈，就是梯間最好的裝飾。

因為梯本身就不大，連扶手也是復古的一體成型水泥扶手，感覺起來會讓空間感覺更加的侷促，所以一開始樓梯的扶手就決定要打除。原本的樓梯因為有了厚實的扶手，讓樓梯顯得更窄小，空間也被隔離，將扶手打除後，整個空間變的開闊，且多了扶手的10cm公分寬度，也讓樓梯有變寬大的錯覺。有時候，不要一昧的增加，減少反而會更開闊。

到了樓上的區域，因為挑空的關係，還是得有扶手，不然不僅人，家裡的貓狗也可能一不小心就摔落，但不想阻礙空間，又想有穿透感，就選用了復古的黑鐵做為扶手，就像老公寓般的懷舊。也因為鐵扶手欄杆的款式較穿透，不會有被隔離的封閉感。

挑高的梯間區，選用尺寸相仿的大型畫作，再用設計壁燈替代傳統照畫燈，梯間也可以變成意想不到的小畫廊。

鐵扶手欄杆的款式較穿透，不會有被隔離的封閉感。

儲藏室，捲簾當門好省錢！

古早的樓梯下，多為一個小空間，有些人可能改成半套衛浴，有些則當做儲藏室。其實當初也想把它打除，變成更開闊的空間，但又擔心支撐力的部分，還是保留了下來。

原本的木門老舊不堪，拆掉後打算自己做個木百葉門，但人的惰性不可小覷。搬進來後，實在太舒適，這裡不想動，那裡不想弄，這個無門的儲藏室就這樣大喇喇的把裡面的雜物展示給親朋好友看。懶惰症一發，怎麼也不想自己動手做木百葉門，買現成門請人來安裝又要花上好幾千塊，於是我決定找現成產品來當門。這次我就在宜得利找到了尺寸相仿的捲簾，鎖在牆上再合適不過，就像量身訂做的一樣。再一次的說明了：熟記所有尺寸，也許就能在無意間找到你夢想中的商品。

其實很多時候，不用被既有觀念給束縛，誰說門一定要是門？用捲簾當儲藏室的門多方便，不用時放下，要用時拉起，上下的開啟反而不像門片左右開啟的方式，容易擋到動線，反而更加方便。

洗衣間改造成儲藏室。

樓下的公共空間在樓梯旁有一個洗衣間，於是我決定把它改成儲藏室。

原本的洗衣間，採光通風的部分採用白鐵欄杆，但是太閃亮的材質不是我喜歡的風格，而且太穿透，實在不夠有隱私。而我一直喜歡復古的水泥花磚，於是，我決定把白鐵欄杆移除，自己來貼復古的水泥花磚。

水泥花磚是頗老的建材，多半在廟宇或學校，及近四十年的老公寓梯間會使用。一般的公寓梯間，都是半腰的水泥牆上砌上窗戶採光通風。但很久之前，無意中進到一間老公寓，梯間的對外牆不是水泥牆配窗戶，而是從頭到尾的水泥花磚。午後的陽光由水泥花磚中鑽進梯間，花磚上的光影透在樓梯與牆壁上，那樣的美景至今仍深刻在我腦海。

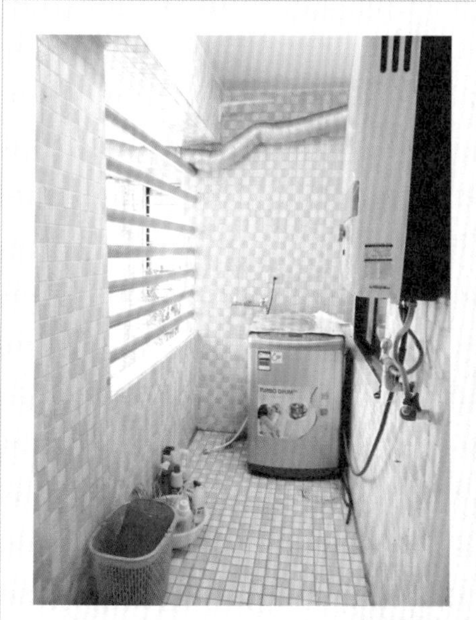

Before vs. After

加了水泥花磚，儲藏室多了幾分復古氛圍。

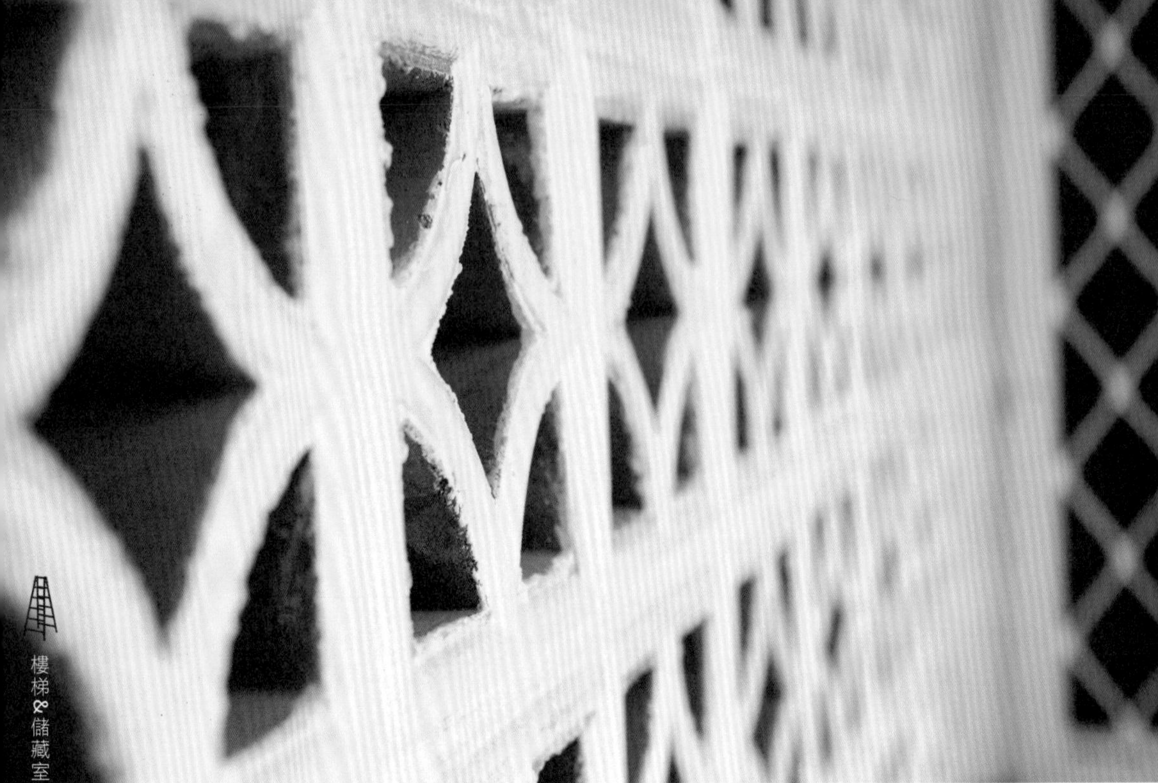

暖洋洋的復古水泥花磚。

這次，終於有地方可以用我熱愛的復古水泥花磚，於是找了又找，問了又問，台北幾乎已經沒有這種建材，要不然就是價格實在不便宜。不過網路無遠弗屆，還是讓我在台南找到了一個專做水泥製品的廠商。就這樣，台南與台北頓時連結了起來，我的水泥花磚還帶有台南的暖洋洋溫度。

一開始，原本要請泥作幫忙砌水泥花磚，但「一顆」20x20cm的水泥花磚工資就要幾百塊，這錢實在花不下去，於是當然也得自己貼，直接用水泥當接著劑，就這樣把整面的水泥花磚砌了起來。

自己砌多少會有點凹凹凸凸，但是DIY的樂趣就在這裡。很多人其實會把很多東西想得比較複雜，像是需要先抓水平，不平整

的地方要先整平等等。但在我們家，不用想那麼多，做就對了。也許沒有專業來的美，但是省下不少錢，同時也得到很多樂趣。就好像很多人看到我們自己貼磚，都會問說：牆壁沒打毛，貼磚不會掉嗎？或是刷調合漆時總是問說：不用先打磨漆得上去嗎？

其實很多事不用想得那麼複雜，其實不打磨，也漆得上去。不打毛牆，磚依舊貼得上去。很多事越遲疑、越擔心，想得越多越不敢做。JUST DO IT，你就會發現其實沒有那麼複雜。

而水泥花磚，因為孔洞比較小，採光多少會暗一點，但一整面的花磚，復古又通風，也一改之前不鏽鋼扶手太穿透，沒有隱私的缺點。尤其夜晚開著燈，燈具的光源就像陽光一般將花磚的圖騰映在牆壁上，真的是無法形容的美麗。

Before vs. After

自己砌水泥花磚多少會有點凹凹凸凸，但是ＤＩＹ的樂趣就在這裡。

利用層架分門別類置放乾貨。

夢想中的乾貨儲藏區。

原本洗衣間用的是一般木門，不通風也不採光；砌了水泥花磚後，採光通風依舊保留著，同時也換上三合一通風門。颱風天就算家裡門窗全關，只要將通風門轉開，一樣能接收到從花磚中進入的徐徐涼風。且穿透感強的門，也讓空間更寬敞。髒汙的地板，也用與玄關一樣的庫存木紋磚改造，原本髒汙不堪的洗衣間就大變身。

牆砌好了，門也裝好了，就該來思考內部置物的配置，一樣是最高原則：熟記所有尺寸，也許就能在無意間找到你夢想中的商品。儲藏室我打算一半置放我堆積如山的鞋子，一半當做廚房乾貨區。一直以來，我就很羨慕奈潔拉有一個可以置放少用的廚房電器及乾貨的小空間，這次儲藏室剛好離廚房不遠，當然要一圓有乾貨儲藏室的心願。一進門ㄇ字型的空間中，只有最底是整面牆，左邊是對外的花磚，右邊是廁所的窗戶。所以勢必只有最底可以頂天立地放到頂，左右兩邊有一部分只能放到半腰。

1 使用與牆面深度相仿的高身書架來當鞋架，空間不壓迫。
2 除了乾貨之外，也可置放較少用到的廚房電器或鍋具。

於是，沒有窗的地方，我選了深度淺，但較高的書櫃來當鞋櫃。有窗的半腰部分，選用IKEA的松木組合鞋架，深度與書櫃相仿，但高度可以任意堆疊到適合的尺寸，非常方便。這區拿來放我跟KJ堆積如山的鞋。

最底部則是大型的組合松木架，依序置放一些買回來備用的乾貨。像是蒜頭、洋蔥、馬鈴薯、各式乾粉及豆類。下面則可以置放一些大型或是少用的廚房電器，像是果汁機、鬆餅機或少用的大型鍋具等等。這樣一來，家裡也能用剩餘的空間生出夢幻的乾貨儲藏區。

裝修小提醒

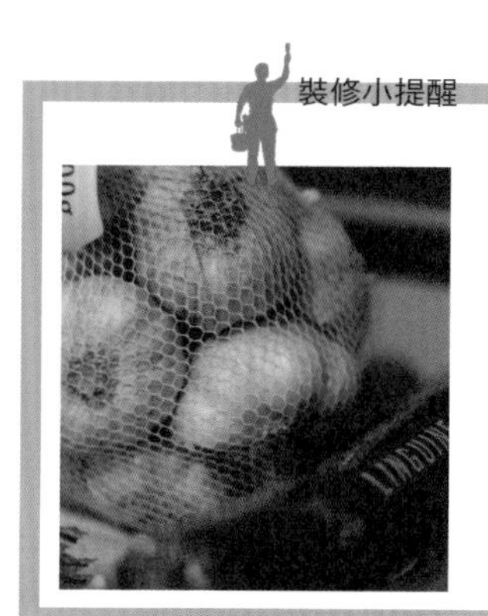

乾貨用麻袋或網袋吊起。

蒜頭、馬鈴薯、洋蔥等乾貨可以用麻袋或網袋裝著吊起，而一些麵粉豆類則可以使用透明玻璃罐依序放入，並在瓶外寫上內容物標籤，這樣就能一目了然不怕拿錯，透明的瓶裝也能清楚了解哪些乾貨需要補貨。

aiko的省錢小撇步

鞋櫃尺寸的取捨。

玄關已有個超大的木百葉鞋櫃，為何要在儲藏室另外收納鞋子？原因是玄關的超大櫃體，有60cm的深度，鞋子最多需要25cm左右的深度就夠，若放在玄關的櫃體中，60cm的深度只用了25cm，剩下的空間再放其他東西則會有前後不好拿取的窘境。於是我把玄關的櫃體當做置放大型雜物的置物櫃，而在儲藏室中找尋淺櫃體當鞋架，不浪費多餘空間。

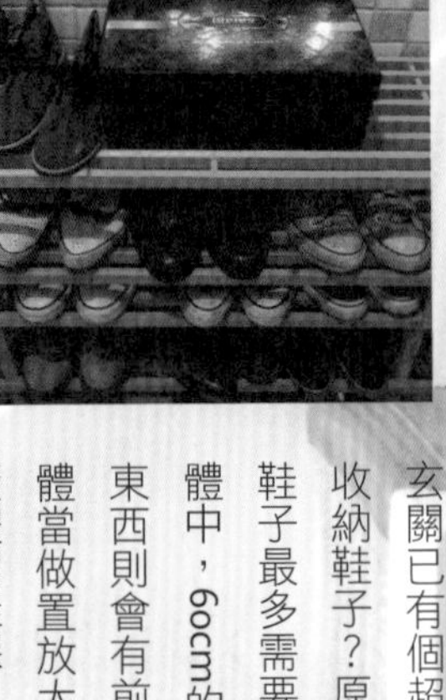

用捲簾當儲藏室的門。

買現成門請人來安裝要花上好幾千塊，於是我決定找現成產品來當門。其實很多時候，不用被既有觀念給束縛，誰說門一定要是門？用捲簾當儲藏室的門多方便，不用時放下，要用時拉起，上下的開啟反而不像門片左右開啟的方式，容易擋到動線，反而更加方便。

水泥花磚自己砌。

一開始，原本要請泥作幫忙砌水泥花磚，但「一顆」20x20cm的水泥花磚工資就要幾百塊，這錢實在花不下去，於是當然決定自己貼，直接用水泥當接著劑，就這樣的把整面的水泥花磚砌起來了。自己砌多少會有點凹凹凸凸，也許沒有專業來的美，但是省下不少錢，而DIY的樂趣就在這裡。

金屬網裡夾燈泡，有型又省錢。

一般陽台或儲藏室多用普通到不能再普通的吸頂燈，但我就是不想這麼普通。於是靈機一動，裝修過程中一直很喜歡廠商自備的超帥氣工作燈，就是金屬網裡夾著燈泡，這不是跟儲藏室超絕配嗎？非常有LOFT風格不說，一個才一兩百塊，比一些吸頂燈還便宜，反而更有味道。

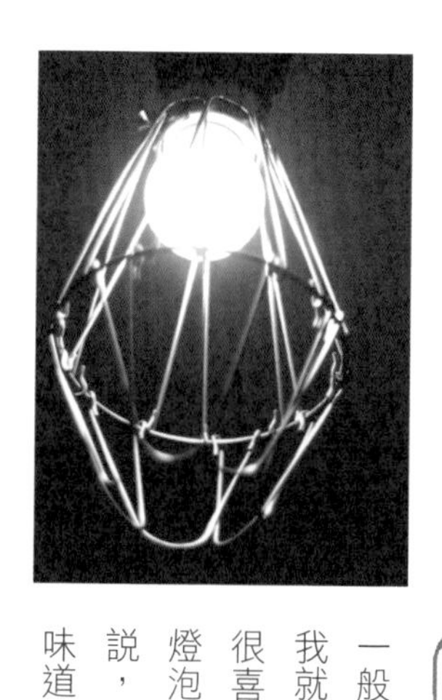

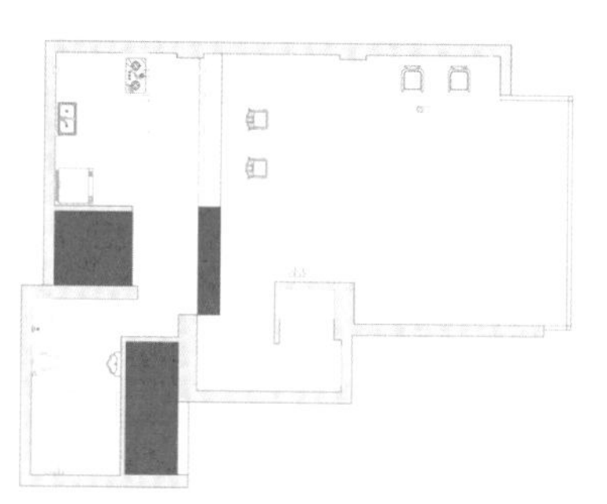

樓梯&儲藏室裝修工程

空間大小｜約4坪。
花費費用｜約4,500元。
運用時間｜1天以內。

(以上價格僅為活動家具，不含任何電器，燈具，窗簾飾品及基礎工程)

07 bedroom

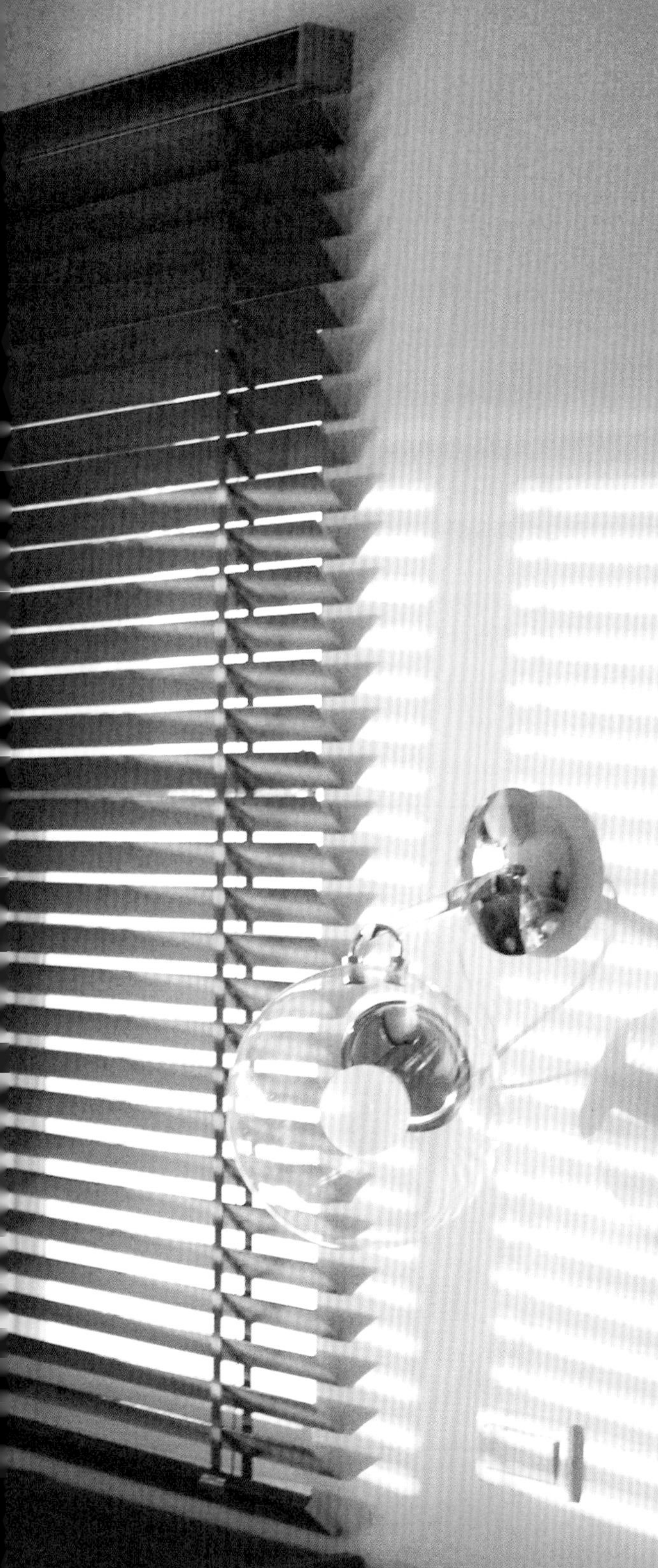

臥室。

光影好似一幅畫。

深沉的木百葉，讓光影隨心所欲。

夏日的陽光太濃烈，我可以把百葉關起，讓陽光在屋外歇歇，給室內多點涼爽。午後的落日，我可以將百葉打開，靜看著午後映入牆上的光影，就似一幅畫。

帶圓的燈具與櫃體，讓風格留在60年代，一種懷舊又時尚的氛圍。

家具擺對位，小空間也有大表現！

對很多人來說，通常最大的房間一定是主臥室。但對我而言則反之。這50幾坪的住家，就只有我跟KJ兩個人(還有一貓一狗)，所有的空間我們都能使用。我喜歡客餐廳、廚房、廁所大一點，要看電視或書都可以在客廳。而臥房其實只是拿來睡覺，夠用就好，所以我永遠會反其道選擇最小的房間當臥室。大一點的房間會拿來當更衣室或起居室反而更實用。

仔細想想，兩個人的住家空間，多數都是在客廳與餐廳中渡過，時間到了才會進入臥室上床睡覺。而在臥房時，昏迷比清醒的時候更長，不如夠用就好，大房間可以拿來做更棒的空間設定。

在空間不大的情況下，少用大型家具，利用設計感強烈的家具或燈具，再配上一張低矮簡單的雙人床，你會發現，其實你的房間沒有想像中的小，甚至可以擁有更多意想不到的空間。

選對家具，空間就有放大效果。

還記得以前幫林內寫過一篇收納文，第一間房子的小房間只有2坪，卻能塞進一個近乎180x200cm的雙人床，一個寬度100cm的超大收納量斗櫃，再加上30cm的層板就變成轉角上網區，還能有個電視與滿滿的收納區。只要家具擺對空間，你的房間也能很寬敞。

Before vs. After

原本的小和室搖身一變成為寬廣臥室。

兩面採光，大自然的畫作。

當初這個房間本來就不大，且前屋主把它做成架高和室，空間感覺更窄小。但兩面採光的優勢，一眼就讓我看出它是個很有潛力的好空間。

首先，當然要把過於老氣的架高和室地板拆除，整個看來小不拉嘰的房間頓時多了30cm的高度，再配上明亮的兩面採光，空間感馬上放大不少。床邊上的小窗原本上面是封起的窗型冷氣孔，將整個窗戶大小還原後，是個左右短、上下高的窄形長窗，於是選了適合窄形空間的火車窗，頓時更加的明亮。

再鋪上人文風十足的粗獷塑膠地板後，兩面採光的窗戶則選了與客廳一樣的五公分寬木百葉，可以依照日照度做角度調整，要明要暗任君選擇，不但方便更是美麗。

尤其每到午後，陽光透過百葉灑在牆上的光影，就好像牆上的素描畫作，美得不可思議。有誰想過，一個又小又破的和室，竟然可以變得這麼人文。

明亮的採光，日照餘暉都美。

簡單不綴飾的低矮家具能讓空間更寬敞。

誰說一定要有床架或床頭板？

這個房間因為有個小柱，所以完整的空間大約是320x240cm，很多人都覺得放了雙人床就沒辦法走路，因為雙人床架大約都要200cm以上，放了床架，大約只剩1~20cm的走道，絕對影響動線。

但為何一定要有床架或床頭板呢？其實一般的雙人床墊只有150x190cm內，其他大多是床架及床頭板佔據的空間。現在無印良品或是網拍有出一種懶人床，就是一個床墊加上床腳，沒有多餘的綴飾，非常簡潔時尚，且高度比一般加了床架的床還低，低矮的家具總是讓空間更廣闊。

而240cm的長度，扣掉床墊190cm，還有50cm的走道空間，且這張床因為不到40cm高度的關係，會有走道比50cm更寬敞的錯覺。開工時所有工班都認為這房間放了雙人床就走不了路，但事實上現在的走道卻很寬敞。只要選對家具，空間真的比想像中得大。

臥室。光影好似一幅畫。

帶圓的燈具，懷舊又時尚。

很多人在臥室燈具上花很多心思，但其實，臥室本該是休息的地方，不需要過度明亮，可以盡量用間接照明即可。通常水電配置時，每間房間的天花板中央，一定會有燈具的出線頭，但我卻封起了天花板中心的線路，在靠窗的地方才裝上崁燈，床頭上一邊一個壁燈，而床上的天花板完全沒有任何燈具。

以往天花板的中心通常也是床擺放的位置，裝上吊燈或吸頂燈，總是覺得燈具就在身上亮著。尤其以前裝著吊燈，地震時看著它晃啊晃的，深怕它一個不小心，就砸在自己身上，所以建議可以運用間接光源，天花板盡量不要有吊燈或吸頂燈。

又因為每次我跟KJ上床躺好後，都沒人想去關燈。或是KJ想睡了，我還想摸一陣，這時到底要關燈還是開燈，很難抉擇。於是我決定一人一個壁燈，睡覺時，誰想睡就關自己頭上的燈，且躺在床上就能摸到燈具開關，不用擔心想用燈光卻影響另一半，也不用為了誰該去關燈而爭吵。

1 午後陽光的光影，就好似牆上素描畫作。
2.3 圓形壁燈營造整體風格，一人一個，睡前不干擾。

斗櫃架高，小狗的秘密基地。

臥床確定後，320cm的空間扣掉床寬150cm，還有170cm，床置中的話，兩邊各有85cm的空間，於是這個重點又出現了：運用現成產品。

尺寸出來了，就找尋85cm的設計感斗櫃吧！找了一陣，市面上的斗櫃多以整數為寬度，像是60cm、80cm、100cm，最符合空間的就是80cm的尺寸。卻又不想要太厚重的斗櫃，於是在網拍上找到了這款胡桃木色，而有實木腳的架高斗櫃，圓弧的邊框有著懷舊的60年代風，就好似一見鍾情般，一看就知道這是我要的櫃子。

櫃子送到家後，要自行將實木腳鎖在櫃體上，而櫃體雖然是貼皮，但是實木腳的質感非常好，櫃體與櫃腳的圓弧質感我非常喜歡，與人文感濃厚的木百葉也非常搭配。最重要的是，在櫃子下方的架高處鋪上軟墊，我們睡床，櫃子下方就是狗狗傑西小屁孩的臥室區，隱密性高，傑西每天都迫不及待鑽進裡頭，就像小孩們的秘密基地。

這是個收納斗櫃，是置物床頭櫃，還是寵物的臥室區，一物多用果然是王道。而斗櫃與床的空間只要算好尺寸，就像置放了量身打造的家具，一旁還能放入一張超大的主人椅。原本眾人嫌棄的破爛小和室，其實也頗寬廣，也可以很人文。

斗櫃架高，下方空間可自由運用。

aiko的省錢小撇步

沒有床架或床頭板的雙人床。

雙人床架大約都要200cm以上，但其實為何一定要有床架或床頭板呢？現在有一種懶人床，它就是一個床墊加上床腳，沒有多餘的綴飾，非常簡潔時尚，且高度比一般加了床架的床還低，可以讓購買雙人床的預算降低，又可以讓空間更廣闊。

一物多用的斗櫃。

斗櫃與床的空間只要算好尺寸，就像置放了量身打造的家具，在櫃子下方的架高處鋪上軟墊，就是狗狗的臥室區，隱密性高，就像小孩們的秘密基地。這是個收納斗櫃，是置物床頭櫃，還是寵物的臥室區，一物多用果然是王道。

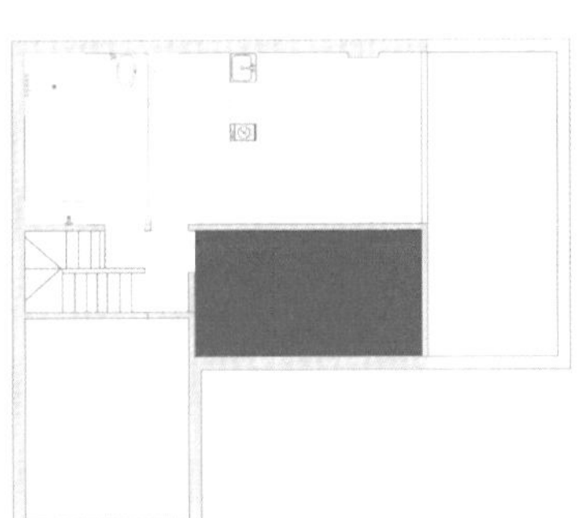

臥室裝修工程

空間大小｜約4坪，高度2米6。
花費費用｜約20,000元。
運用時間｜1天以內。

（以上價格僅為活動家具，不含任何電器，燈具，窗簾飾品及基礎工程）

08 dressing room

更衣室。

打造我的夢幻服飾店！

一件件材質不同，色彩不一的大小衣物，整齊的吊掛在桿子上，陽光由窗中灑入，微風輕輕吹拂，衣物在陽光中搖晃著，閃閃發亮的一景，多令人神往？

對女孩來說，居家中最能發出尖叫聲響的，莫過於廚房與更衣室了。擁有一個更衣室，是每個女孩們的夢想，但總是礙於預算而卻步？這次，就跟著aiko一起花小錢成就大大的更衣室吧。

更衣室。打造我的夢幻服飾店！

開放式更衣間，省錢又大方！

對許多人的想像來說，更衣室就是大大小小訂製的櫃體與五金組合而成，上方掛大衣，下方吊褲夾，但這樣還不夠，我要的是家裡出現一間「服飾店」！

以我的新家為例，要來當更衣室的房間，是一間高3米1的房間，有一間挑高的更衣室多幸福！但又好怕預算破表。別擔心！跟著我一步步、step by step吧！

其實不要以為更衣室很花錢，一般訂製木作衣櫃，1尺大約就要5000~7000元左右，開放式的更衣室不但美，卻反而更省錢。

想要節省預算，第一步請跟我大喊一次：運用現成產品。訂製的商品耗時耗力更花錢，不如熟記空間尺寸，在規劃的時候就開始物色產品，並記下產品尺寸，就能在腦中變出屬於你、獨一無二的服飾店。

1 淺層抽屜可分門別類收納小物。
2 美麗的吊燈，讓試衣更優雅。
3 大型抽屜可輕易收納冬季厚重被褥。

注意層板架尺寸與耐重度。

服飾店般的更衣室，第一要素就是要一覽無遺！好看的東西就是要擺出來而不是躲躲藏藏，所以我把一般訂製更衣室的木作櫃體都拿掉。利用B&Q的層板架當做掛勾，再用了IKEA的窗簾桿當做吊桿，固定完成後，上下兩層的吊掛空間完成，夢幻服飾店就完成了一半。而這邊有幾個需要注意的重點：層板架尺寸與耐重度。

一般衣櫥的深度大約都是60cm，但其實就連男生的肩寬也很難到達60cm，所以我選的吊架深度大約25cm，再配上窗簾桿，就成為可以吊掛50cm左右衣物的吊衣空間。而一般吊架距離大約可抓50~60cm一個，因為我的衣物較多，我縮短為30cm一支吊架，吊掛衣物時盡量平均，壁虎也打得深一點，就能支撐起龐大的衣物重量。

用壁虎與螺絲固定吊架。

按衣物重量增減吊架。

大型衣物也能輕鬆吊掛。

Before vs. After

想要節省預算，第一步請跟我大喊一次：運用現成產品。

1 強大收納量的更衣室。
2 淺型斗櫃不顯壓迫。
3 就連防潮箱也能納入更衣室。
4 抽拉籃與吊架的深度相仿，更有一體感。

強大的挑高收納優勢。

其實一般的夢幻更衣室，只要再加上2個斗櫃拼成中島就完成了，但這間房可是挑高3米1，當然不能浪費！於是我將吊掛桿的高度移高，下方就可置放許多收納櫃，收納大大小小的雜物，讓這間更衣室上方吊掛衣物，下方擺放抽屜籃及斗櫃，就連防潮箱也能納入其中，卻不會雜亂，一間搞定所有強大收納。

因為衣物尺寸的關係，在IKEA找到了這款白色收納抽屜籃，這款我從舊款用到新款，舊款是銀色的抽拉籃，雖然好用，但還是要遮蓋，不然略顯雜亂。而在型錄上發現新款是白色的抽屜籃，連框架都由銀色變為白色，跟空間更搭配，最重要是它的深度50cm與衣物吊掛深度相仿，雖是市售物品，看起來卻像量身打造一般；這也再次說明了重點，熟記所有尺寸，也許就能在無意間找到你夢想中的商品。

而抽屜籃深度50cm，若放滿四面牆又嫌壓迫感重了點，所以50cm深度的抽屜籃我只用了兩面最大面積的衣物牆面，進門的牆面與窗下的牆面則選用IKEA這款深度僅有30cm的斗櫃，靠牆站立一點也不顯壓迫，而深度深的抽屜籃與深度淺的斗櫃又可收納不同的產品，分門別類，讓收納功能更強大。

Before vs. After

挑高的空間，一次搞定所有大小收納。

夢幻服飾店超吸睛！

基本收納都完成後，可以利用層板在零碎的牆面上固定，就成了專業的帽架，再釘面鏡子，天花板再選盞喜歡的吊燈，你的夢幻更衣…喔不是，是夢幻服飾店就完成了。

有很多人在意若是開放式空間不是容易染灰塵？但用櫃體訂製的更衣室也是一樣，只是多了兩邊的側板，染灰塵的程度一樣不相上下。對我來說，我喜歡「家裡不像家」，更衣室不想中規中矩，就是要像服飾店那樣吸睛，按順序擺滿衣物，每次要穿搭時在這空間待上許久，對我來說是種夢想，衣櫃開開關關也不見得沒有灰塵。女孩們，要美就不要猶豫不決，甩掉灰塵的疑慮，大膽的跟我一樣，擁有一間屬於自己的服飾店吧。

Before vs. After

對我來說，我喜歡「家裡不像家」，
更衣室不想中規中矩，就是要像服飾店那樣吸睛。

aiko的省錢小撇步

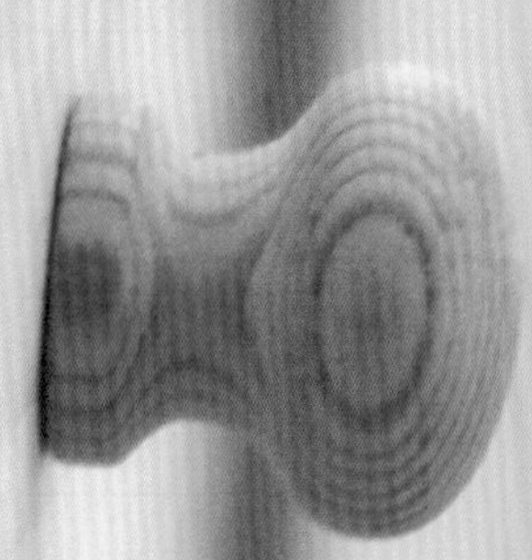

放棄木作衣櫃

一般訂製更衣室的木作櫃體是最花錢的部分，包括板材及人工；不妨利用B&Q的層板架當做掛勾，再用IKEA的窗簾桿當做吊桿，DIY固定，就能隨心所欲，創造出上下兩層、省錢又超大的吊掛空間。

抽屜斗櫃收納術

抽屜籃深度夠，可以收納被套枕套，或是換季被類，各式布料產品及包包；而深度淺的斗櫃可以分門別類收納內衣褲、襪子、細肩帶背心類產品，甚至文具面膜等等，輕輕鬆鬆將所有大小雜物都收納進來。

浴簾取代窗簾

窗簾的部分因為更衣室高度較高，窗戶也頗大，卻又不想特別訂製窗簾。因為更衣室窗簾其實不太需要經常開開關關，市售的對開窗簾又有點太零碎，最好是可以透光卻不透視的簾子。浴簾是個好選擇，放在窗上剛剛好，單片的簾子少了皺摺空間，看起來更清爽。誰說浴簾只能用在浴室？防水，透光卻不透視的浴簾也可以當窗簾用。擺脫既有印象，才能有更多的想像空間。

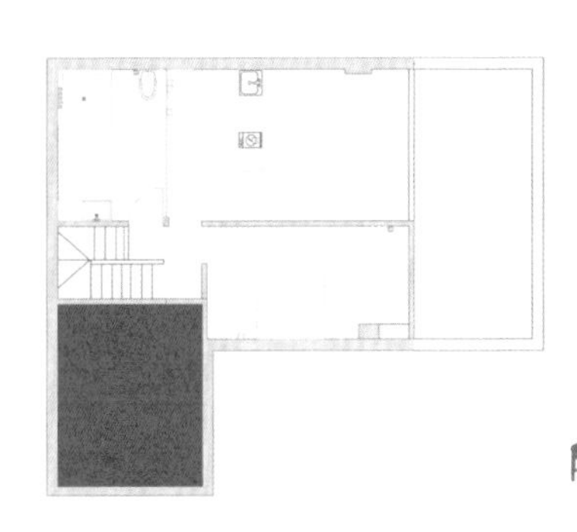

更衣室裝修工程

空間大小｜約4坪，高度3米1。
花費費用｜約25,000元。
運用時間｜1天以內。

09 sitting room

起居室。

多功能的Function Room。

推開落地門，外面有近乎5坪大的露臺，兩面的採光，永遠充足的光線，一個可以連結室外的室內空間，可以當工作室，可以當攝影棚，也可以當戶外烤肉派對的用餐區。

甚麼都可以，甚麼都不奇怪，起居室就是個多功能的Function Room。

一直以來，我都想要一個跟室外連結的大空間，有滿滿的採光，我可以坐在這個空間發呆，我可以在這空間上網寫文看風景，我可以在這個空間做瑜珈，甚至把這個空間當成攝影棚。

自然採光，最佳攝影棚。

因為先生KJ從事攝影工作，所以他一直希望家裡可以有個攝影棚。但是空間又沒大到可以有一整個完整的棚內空間，於是就讓這個起居室擔任多種空間。

起居室有非常好的景觀與自然採光，非常適合當攝影棚，於是一整面白牆，配上輕薄的麻布當窗簾，自然控制光源，白牆上再裝著可調角度的壁燈，配上靠牆的深色桌面，就成為了最佳攝影棚。

於是，這個空間可以當作休息看電視的起居室。我要手作物品時，它可以當作完美的工作室。在露台開烤肉趴時，它是無敵的用餐及小型烹飪空間。KJ要拍商攝產品時，棚燈一架，它就是好用的簡易攝影棚。

一個空間，卻有那麼多功能，多麼幸福！

Before vs. After

原本俗氣的主臥室，變成多功能Function Room。

窗邊小廚具，邊洗碗邊看景。

以前中秋偶爾會在舊家起居室外的小陽台烤肉，起居室就當做用餐區，我一直很喜歡這樣的模式。無奈以往的起居室就是個房間，烤起肉來要跑到樓下廚房拿肉，要跑去廁所洗菜切菜，實在不是很方便，心裡便想著以後的起居室一定要有套小廚具。

於是這次的空間允許，而我又一直希望有個可以邊洗碗邊看窗景的空間，於是就決定沿著L形的窗邊做一套簡易廚具，只要小小的空間，一邊有個水槽，一邊是個不用牽瓦斯的簡易電爐，一樣用便宜卻有質感的木紋美耐板，讓起居室不但有了小巧堪用的小型廚具外，還多了收納空間。

L型的窗面，一邊做成整片的固定玻璃，以納入全部山景。水槽前則選用可上下開窗的火車窗，利用伸縮龍頭，就算在露台，也能拿取水槽的物品或洗滌食材，非常方便。而午後的陽光極為迷人，選了透光捲簾，拉起可看見如畫的山景，陽光猛烈時，放下捲簾可以阻擋毒辣的陽光，也能讓光影更迷人。

1 L型窗景的無敵美景。
2 固定玻璃讓窗景就像牆上畫作。
3 清晨，就用窗邊的小電爐泡一杯美味咖啡。

善用空間，安插縫隙櫃。

起居室外面就是大露臺，預定的曬衣空間就在這邊，買了台洗脫烘洗衣機，放在室內又覺得有點突兀，於是就用市面上小套房的設計，與廚具一同規劃，用一樣的框包起，讓洗衣機與室內空間融合而不突兀。之前常聽說洗脫烘洗衣機會有不小的震動，但可能因為洗衣機包了外框，反而很安穩，不太有震動感，既美觀又方便。

而廚具櫃體與洗衣機因為置放位置的因素，中間會有約20cm左右的空隙，原本廚具廠商問我要不要用板將洞封起，但我想空間雖然不大，若是利用層板，20cm左右的空間放些洗衣用品倒是很適合。又因懶病發作，一直沒有裁木板做層板，某天在PCHOME的24小時購物找到了一款縫隙櫃，長寬高幾乎與空隙相搭，霧面半透明的白色櫃體，很有無印良品的風格，且下方帶有滑輪。洗衣曬衣時可以將整個櫃體拖拉到需要的位置，

熟記尺寸就能找到如訂製般的現成縫隙櫃。

用畢再收回，實在是超棒的產品。再度驗證了：熟記所有尺寸，也許就能在無意間找到你夢想中的商品。

在舊家搬來的冰箱與電器櫃對樓下廚房來說不是太小就是不搭，所以一開始就決定置放在起居室，在水電規劃時，就可安排插座位置，方便迴路設置，起居室也能放些簡易電器，讓小型廚具更加完善。

如此一來，日後想在露臺辦烤肉趴，就再也不用上上下下的拿肉或是洗滌，同一個空間可以一次搞定。

Before vs. After

起居室放些簡易電器，讓小型廚具更加完善。

1 可以烹飪洗衣，又可當起居室、工作室、攝影棚的多功能空間。
2 伸縮桌不管人多人少都能滿足需求。

伸縮家具，人多人少都能滿足。

有了小型廚具，沒有個桌子可以暫歇或是置物，還是不夠完整。心裡便想著要選張桌子，而我這人天生貪心，往往想要一張可以坐很多人的大桌，但起居室放太大的桌子卻又不太協調，買了小桌又怕人多不夠使用，坐起來不舒服。正不知該怎麼辦時，卻在IKEA看到了伸縮桌！

對啊，我怎麼會忘了這種夢幻產品？人少的時候是剛好大小的桌子，人多時卻又可以展開，容納更多人，也不用擔心平日動線被干擾，於是，就這樣把它帶回家了。

靠牆置放，平日就可以放些隨手雜物。KJ一早起床，一定會在起居室空間泡杯咖啡，然後坐在起居室的椅子上發個呆，才慢慢甦醒。或是洗完衣服要曬、曬好要收，都可以在大桌上整理，可以用餐，又可以置物的大桌，還可以依人數變換桌面的大小，果真是夢幻逸品。

aiko的省錢小撇步

吊扇—節能省電。

不得不說，吊扇真是個好物。小時候，教室裡總掛著吊扇，在天花板轟隆隆的吵雜著，又聳動的搖擺著，我們總幫他取了個「血滴子」的外號。這輩子，我壓根沒想過我會裝吊扇。

在看這間房子時，正是邁入炎熱夏季的時節，投資客般的屋主，當然不會讓我們有吹冷氣浪費電的機會，於是整間屋子都沒有冷氣，客廳卻吊了一個吊扇。一開始我還很排斥，有天KJ因為要開燈，卻連吊扇一起開了，眼看著吊扇晃啊晃的，實在讓我有點驚慌。但下一刻，我卻被那像大自然微風般得舒服風流給吸引。我壓根沒想過吊扇這麼有用！

於是，起居室裡利用兩邊崁燈與壁燈當做主要光源，吸頂燈的部分我就拿來裝吊扇，吊扇選擇骨架厚實的款式，再帶著夜燈功能。並請水電師傅緊實的鎖入泥作天花板，只要不開到強風，其實沒有太大晃動，但是馬上就把氣流帶進來，就像在深山中的舒適自然風。而這款吊扇還有反轉功能，冬季反轉，能讓空氣更清新。

連接室外空間的Function Room。

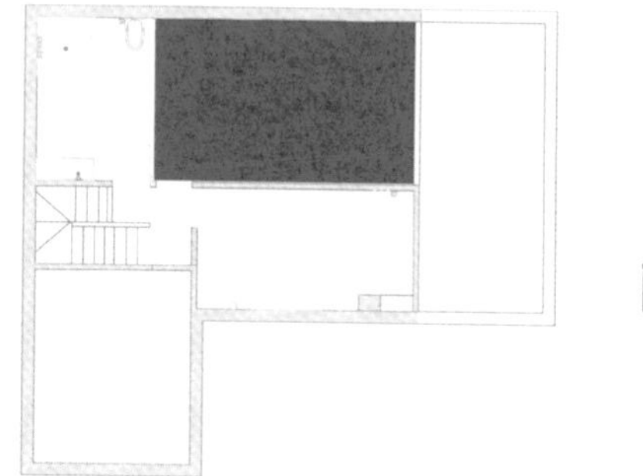

起居室裝修工程

空間大小｜約6坪，高度2米6。
花費費用｜約50,000元。
運用時間｜1天以內。

(以上價格僅為活動家具，不含任何電器，燈具，窗簾飾品及基礎工程)

10 balcony

露臺。

擁抱無敵山景。

以往住市區，好像遺忘了許多事！我忘了空氣有多清新，我忘了山景綠樹有多美，我忘了草地有多舒軟，我忘了星星有多明亮，我忘了陽光有多美好，更忘了自然風多舒爽～但在山居生活中，我全都記起來了！

到市區的距離雖然多了15-20分鐘，但是世界卻變美好，心境也不同了。遠方的山景，綠意繚繞，早晨濕潤的露水，傍晚的夕陽餘暉，都在我眼前。遠眺青山，飽覽餘暉。在這裡，你也會記起曾經遺忘的美好！

露臺。擁抱無敵山景。

擁有一個開闊的室外空間，一直是我的夢想。以往住在市區，一切都很方便，但總是覺得少了些甚麼，似乎只在水泥叢林中便利的生活著。但在這裡，我找到好多已經遺忘的事！

每天一起床，帶著狗狗傑西到露台散步，我則坐在角落看著遠方，心裡則忍不住想著：這真的是我認識的台北嗎？沒有車水馬龍的噪音，沒有一開窗就是水泥牆的世界，只有蟲鳴鳥叫的悅耳聲響，推開門是映入眼簾的滿滿綠意，露水在清晨顯得特別迷人，我發現，這個世界跟我以前認識的不太一樣，突然變得美好了起來！

1 日間的晴空萬里。
2 午後的夕陽餘暉。
3 髒舊瓷磚刷上防水漆，煥然一新。

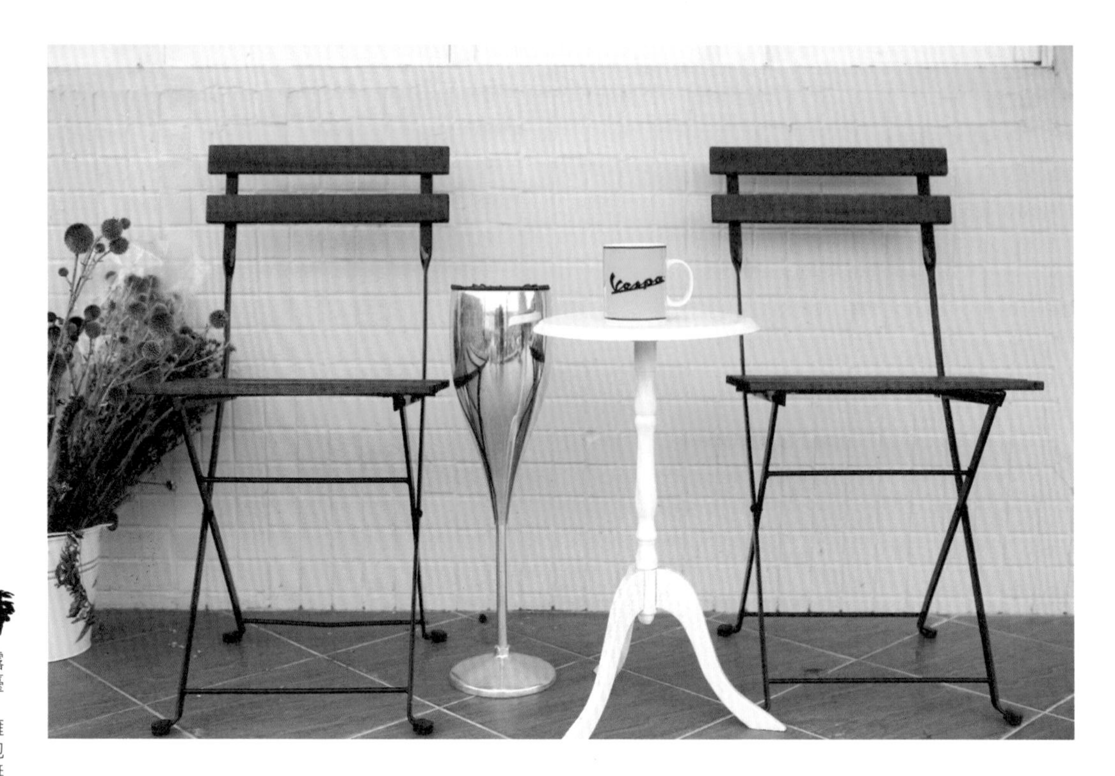

灰色系，質感更提升。

之前的舊家因為空間關係，頂樓幾乎全蓋滿，只留一個1坪左右的室外空間。不但不開闊，L型的空間也不好規劃。而當我踏進這屋子，馬上被那280x580cm，5坪大的露臺給吸引。邊間的優勢，讓我能遠眺青山，或遙望夜晚些微車流與萬家燈火。

一踏進這露臺，就浮現出狗狗傑西小屁孩在露臺上開心狂奔，還有夜晚我與KJ帶著微醺坐在露臺上有一搭沒一搭的聊著，甚至烤肉時，露臺可以放下整個十人大桌，邊看夜景邊玩樂的景象。也許，我就是因為這個露臺，而愛上這間屋子的！

其實這個露臺雖然全部更新，卻也好像沒有變動過。一樣有著黑鐵扶手，一樣是地板貼磚，一樣是採光罩檔風遮雨。但我將門變得開闊，原本綠色系的地磚與採光罩換成灰色系，香檳金的骨架也換成深色系，牆上髒污的磁磚刷上防水漆，一切好像沒有變動，整體卻更有質感。我們把原本俗氣又髒汙的綠色系，改成較好質感的灰色系。再將採光罩往上移30cm，空間感立現，露臺就變得更迷人了。

灰色系的露臺，質感加倍，空間也更加開闊。

落地摺疊門，空間更開闊。

原本起居室到露臺，只由一個小門進出，在沒有事先預知的情況下，推開這小小的門，外頭卻是5坪大的露臺，的確很讓人驚喜。只可惜採光與通風就好似隔絕在這扇小小的門後，所以決定把起居室半腰的牆給敲除，變成落地門的空間，讓採光通風更全面。

原本預計連轉角小廚具的部分也變為落地門，但因為樑柱問題，不敢輕易敲除。最後只剩下220cm的落地門空間，一般落地門多為兩開，等於就算把門打開，也只有110cm的空間，對我來說跟沒敲除前小門的大小差不了多少，於是，朝著我夢想中「摺疊門」的方向前進。

真正的氣密摺疊門，台灣非丹頂鶴莫屬，無奈造價真的貴到令我咋舌，於是與鋁窗蘇先生討論另外的可行方法，蘇先生告訴我，如果不是丹頂鶴就要用五金摺疊的方式，無法密閉，建議我不妨還是使用市面上的雙開落地門，密閉度夠，玻璃門採光也足，只是不能全開。

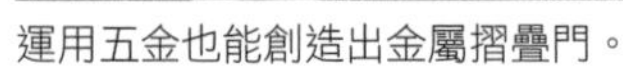

運用五金也能創造出金屬摺疊門。

摺疊門全開讓空間更寬闊，平時以摺疊紗門阻隔蚊蟲。

但我與KJ討論後，覺得一般落地門可能好用方便，但真的不是我們要的感覺，於是再求助於蘇先生，他很貼心的與我們一起討論解決方案，因為我們有著600x300cm的採光罩，基本上不是超大颱風或是狂暴雨，雨是不太可能打入室內。可以試著用木工滑門五金配上鋁框軌道，再配上摺疊五金，就可以做出摺疊落地門，只是目前技術上來說無法密合，雖不會進水，但是颱風天的風聲可能會呼嘯不已。

再套句VESPA的名言「不漂亮，毋寧死」，基本上強烈大颱風的機率不算太高，我們還是決定賭上一把，就用不同五金配套的方式，來做出我的便宜摺疊門。

完成後，我跟KJ都非常滿意，雖然無法像名牌鋁門一樣全氣密或平順好拉，但基本上我與KJ平日是不會將摺疊門關起，都用隱形紗窗當門，再說價格只要名牌鋁窗的1/4，已經夠讓我滿足。

最重要的是它不用像對開落地門一般只有一半的使用空間，完全滿足我220cm的寬度全開，就算在露臺上辦派對，十人大桌也能輕鬆的搬進搬出，不用擔心動線不方便，對我來說是大露臺不可或缺的建材。

復古材質，呼應室內空間。

室內選用了許多復古的材料與家具，戶外當然也要呼應著。抬頭看這又低矮又髒汙又俗氣的綠色系採光罩，原本想要省預算而忍痛留著，但是KJ說：「現在不換，等裝修完也懶得換了，這樣屋內有型，屋外破舊，而且是你最喜歡的露臺空間，你一定會後悔。」

就因為這樣的一句話，我們還是將它拆除，原想規劃玻璃採光罩，但因預算問題，換成帶有顆粒的灰色PC板，較不易髒汙，且骨料也搭配深色系，盡量減少支架，並將高度移高，讓空間看來更開闊。前方則沿用舊的款型，做成圓弧形，較有擋風力，可以減少一支擋人視野的立柱。

再看看地板，是非常老舊的綠色磁磚，其實挺復古，但因為二十年的房子，又是室外空間，不知道防水層是否已經老舊，不如一併更新，了卻後顧之憂。戶外選了便宜的灰色板岩磚，因為價格較便宜，花色普通到不行，於是靈機一動，用菱格貼法，讓視覺更活潑，空間也有放大效果。

而原本的欄杆就是我愛的黑鐵欄杆，只是因為空隙較大，擔心狗狗或貓咪一不小心掉落，且圓滾滾的扶手實在有點老氣，於是也決定一併更換。但一拆除才發現原本的欄杆竟是實心黑鐵，現在要買到實心黑鐵實在太難，頓時讓我好後悔，應該不拆除，用焊接的方式加角料就好。不過既然拆了只好隨遇而安，把扶手換成扁鐵，也可以擺脫舊欄杆那圓滾滾笨重的感覺，風格變得更一致，也算撫慰了拆掉實心黑鐵扶手的受傷心靈。

灰色系露臺搭配黑色系配件，質感更提升。

無敵山景與夕陽餘暉。

何其幸運，我找到一間這樣的屋子。超棒的採光與通風，而且是三面採光的邊間。最重要的是還有一個5坪的露臺空間，可以獨享朝露的溫潤，夕陽的餘暉，整面的山景。傑西不出門也有廣大的空地可以奔跑，朋友來訪時可以在戶外用餐。而樓下就是小公園，每到下午，坐在露臺上，看著公園裡孩子們盪著鞦韆的笑臉，想要瘦身的女孩們奮力地踩著金屬滑步機，而爺爺奶奶們聚集在公園的涼亭裡聊著是非，或是幾個青壯少年，就在後方的籃球場鬥牛，多麼幸福的一幕？

一開始露臺打算只裝一個僅有冷水的水龍頭，但是水電田先生誤以為我樓上樓下各要一個熱水器，所以在露臺也配了冷熱水管，若露臺不裝熱水器，牆上這冷熱水的出水孔總是怪怪，靈機一動，不如裝上蓮蓬頭吧。

後來發現露臺有蓮蓬頭竟意想不到的好用。蓮蓬頭可以調整水壓，要沖遠一點，就可以將水柱調強一點，且天冷時可以用熱水沖洗地面，不怕寒冷，這些都是原本單孔出水的冷水水龍頭做不到的。最重要的是，天氣好的時候，傑西就可以直接在5坪大的露臺上洗澡，倚著日光，多舒服。

有個露臺，真的非常幸福！

坐在露臺就能感受到公園裡嬉鬧的氛圍。

露臺換上蓮蓬頭，寵物也能在日光下淋浴。

aiko的省錢小撇步

鋁花格當曬衣桿。

一般高處曬衣，多半會使用伸縮曬衣桿，但其實拉拉放放，損壞率高，而且我不喜歡有一條繩子垂在那邊晃啊晃的！所以我都會在做鋁窗的時候，請鋁窗師傅幫我留意一些鋁花格的剩料，再將他鎖在採光罩上。因為高度高，人們進到露臺第一眼會被山景吸引，總會忽略頭上的鋁花格。且固定寬度的鋁花格，已經幫你分配好衣物間的距離，衣服掛上也不用擔心風吹後碰撞在一起，容易有曬不乾或是潮濕味的情況。最重要的是若是剩料，價格非常低廉，甚至奉送，實在非常好用。

五金配套取代名牌鋁門。

基本上強烈大颱風的機率不算太高，因此我們就用不同五金配套的方式，做出便宜摺疊門。雖然無法像名牌鋁門一樣全氣密或平順好拉，但基本上我們平日不會將摺疊門關起，都用隱形紗窗當門，價格只要名牌鋁窗的1/4，已經夠讓我滿足。

便宜地板，用菱格貼法。

地板選了便宜的灰色板岩磚，因為價格較便宜，花色普通到不行，於是靈機一動，用菱格貼法，讓視覺更活潑，空間也有放大效果。

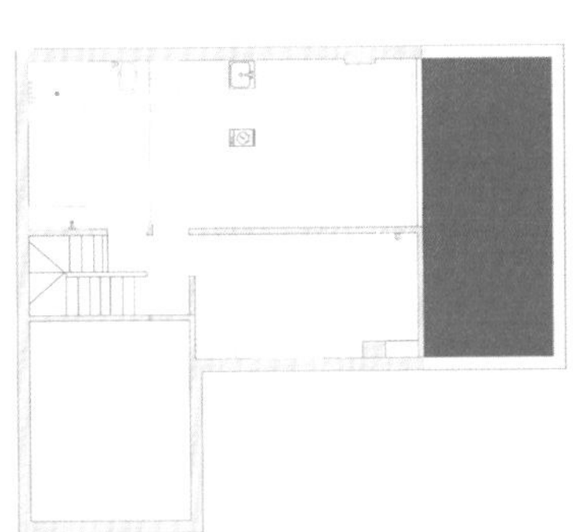

露臺裝修工程

空間大小｜約5坪。
花費費用｜約2,500元。
運用時間｜1天以內。

(以上價格僅為活動家具，不含任何電器，燈具，窗簾飾品及基礎工程)

要省錢，就要努力做功課。

要省錢，

後記

就要努力做功課。

住進台北近郊的山間小屋近五個月了！到市區的距離雖然變遠，但是世界卻變美好，心境也不同了。

搬來沒多久，看著附近的醫院、學校漸漸成形。新的路開通，到市區的距離縮短了更多。回家不用花時間找停車位，實在非常方便！到市區大約多了15~20分鐘的時間，但不用碰運氣繞啊繞的找車位，也可能省下了15~20分鐘。算一算，不加不減。

明年五月將開通的北二高出口，一下交流道就可直通社區大門。對我這個愛出去趴趴走的人，到各地旅遊反而比以前住在市區更加方便了！以往走到公車站要10分鐘，現在只要3分鐘，而此區的公車路線也發展得很成熟，對我這不愛捷運上上下下的人來說，更愛搭公車了。

搬到山區，多了15分鐘往市區的路程時間，我卻覺得頗值得！

這樣的氛圍似乎也感染了幾個身邊的朋友。好幾個設計掛的朋友開始詢問，也想體驗這樣的山居生活。狗友Sammy更是連兩個禮拜都跑來社區找房子，行動力十足！（我應該去當仲介的！！）

這次，在30天內搞定了這已經20歲的50幾坪老屋，其實沒甚麼撇步，就是要做足功課！

要省錢，就要努力做功課。

很多朋友都認為因為以前我從事室內設計這行，所以找廠商很快！但這次的材料，只用到一個以前的廠商，其它幾乎全是在網拍找齊的！（幾個基礎工程廠商則是朋友介紹）。其實就跟一般人裝修的過程都差不多。

我想不一樣的是我願意花很多時間做功課。當我要找某一款家電或家具建材，我會在網拍上，從第一頁看到最後一頁。你說，這樣有甚麼東西找不到？

很多人會留言跟我說：「為什麼這樣東西我在網拍都找不到？」或是「那樣東西怎麼搜尋也沒有？」我只能說沒有找不到的東西，只有願不願意花時間去找！如果你願意把兩百頁、三百頁看完，如果你願意花時間找家具建材找到凌晨兩三點，不可能有找不到的東西。要省錢，就要努力做功課。

做足功課後，安排工種跟材料進貨也很重要，但其實我只有30天的時間，其實也沒甚麼順序了，到後來很多工種都同時進場！

這次裝修，除了一直延誤時間又常找不到人的玻璃滑門廠商超不推薦外，非常感謝其它合作過的每個廠商，沒有你們每天聽我盧，聽我問問題，幫我趕趕趕，這個家也沒辦法那麼快成型！

有你們，真好。

秘密小本中

後記

廠商大公開！

基礎裝修類：

拆除｜**林大哥**｜0960-517-818

雖是內地人，但是價金合理，且非常仔細。業主要拆除的部分若有樑柱支撐疑慮，林先生從不為了省時間而直接下手拆除，一定會與業主告知可能的疑慮，再決定拆或不拆。

水電｜**田先生**｜0933-039-269

不用說，這是這次詢問度最高的廠商。每當有施作上的困難時，小酌兩杯後思緒更加清晰，只要確定接案，就會認真負責，上山下海也要幫你完成。

鋁窗｜**蘇先生**｜0935-077-222

年輕有為，價格實惠，想做卻無法解決的東西，他會坐下來一起討論可行之道，有任何問題，他都會馬上解決。

鐵件｜**周先生**｜0925-513-779

自有工廠，任何款形皆可訂製，價格實惠，黑鐵、白鐵、鍛造皆備，可以一次搞定。

泥作｜**蘇先生**｜0921-618-022

家族團隊，認真負責，浴廁防水不用特別要求，他們自己就會做到頂，非常貼心。只是因為工太好，忙碌不已，有時常常會空班，若很急的案子可能需要等待。若要工好，絕對不要放過。

木工｜阿彬

（僅接完整裝修或友人介紹案。可由陸月設計聯繫：陸's｜0912-833-314）

年紀比我還小，卻因為家裡就是木作廠商，早已經擁有一身好功夫。有任何問題討論，他可以馬上幫你解答，小型的裝修，他也能為您規劃。

防水｜邱先生｜0919-415-160

電話永遠播放著－Because I Love You，是他的標記。字正腔圓，身形偏瘦，所以總是像個特技人員一般爬上爬下，看得我目不轉睛。不論是外牆防水，內部抓漏他都很在行。不過也因為物美價廉，生意好得不得了，尤其是雨天，就要排隊啦。

裝飾軟件廠商：

廚具廠商｜陳先生｜0927-789-996

廚具與系統櫃家具廠商，可出圖面配製，對於需要自行發包的業主來說非常方便。認真負責，有特別想法也可一起討論，許多小細項他都會仔細處理，施工團隊非常細心整潔，不過也因物美價廉，非常忙碌，需要及早連繫。

木百葉｜阿華｜0936-127-796

詢問度也超高的廠商，這次家裡五公分寬的木百葉就是他們家的產品，專做窗簾及各式布料，只要給予預算或風格，他也可幫你搭配。常與飯店案合作，物美價廉，而且當你猶豫不決時，可以提供專業的建議，施工團隊也非常細心。

PVC地板｜阿偉｜0918-810-124

詢問度不亞於水電田先生。一樣年輕有為，塑膠地板與壁紙連工帶料物美價廉。認真負責，而現在也開始接統包案件，舉凡拆除、水電、泥作、油漆、木工等皆包。覺得自己發包很辛苦的，不如找個統包吧！

木料廠商｜高小姐｜0937-978-972

位於山明水秀的花蓮，專賣木料，黃檜或柚木集成材都有，可以自行訂製想要的尺寸，再組合成自己獨一無二的家具，非常方便又省錢。

沙發廠商｜翁先生｜0929-231-626

位於嘉義，專做復刻的懷舊老碰椅，不管是住家或是商業空間都很適合。尺寸皆可訂製，布料或皮革也皆可選擇，可以做出專屬於你的懷舊沙發。

浴缸廠商｜謝先生｜0986-372-456

自有工廠，多種款式可親自挑選，有特殊需求也可特別訂製，產品品質與時效性都不錯，單價與品質也符合CP值。

IKEA｜02-2716-8900（敦北店）/ http://www.ikea.com/tw

這是一個大家都知道的廠商。我沒有買過它的大型家具，但是不少餐廚小物，收納用品都非常好用與強大。這次更衣室用了他們大量的抽拉籃與斗櫃，還有裝飾畫作、小畫框，及超好用無支架層板。最重要的是如果買錯或多買，只要未使用，包裝完整，30天內都能退換貨，非常貼心。出口還有瑞典小吃，每次一定要吃完熱狗跟冰淇淋才願意回家。

特力屋｜02-2910-9988（新店店）/ http://www.i-house.com.tw/

各式需要DIY的手工具、小五金、水泥漆、調合漆、填縫劑、家具、廚具等等，幾乎都有。有時要買五金跟漆料還有填縫劑，需要跑五金行、油漆行與建材行三個地方，但在特力屋就能一次搞定。這次家理儲藏室的松木櫃、無支架層板，還有更衣室的支撐架都是他們家的。而且懶得跑去現場，現在網路也能購買，只是貨品總是沒有現場那麼齊全。

HOLA｜02-2915-7789（新店店）/ http://www.hola.com.tw/

特力屋的姊妹店，如果說特力屋帶有男子氣概。那HOLA就是嬌媚的少女心了！舉凡各種佈置產品、香氛蠟燭、美麗床組、漂亮餐具及酒杯這裡都有。產品已經散佈我們家各處，如果要一一列出只怕不及備載！與特力屋一樣，懶得跑去現場，現在網路也能購買，不過我還是喜歡到現場看看他們的巧思佈置與氛圍營造。

Fujidinos｜0800-279-988 / http://www.fujidinos.com/

一個主婦們進入就出不來的所在。各種居家用品，日系血統的超好用鍋具及餐盤還有收納用品及裝飾產品，總是讓我一進到網站就出不來！廚房有幾個鍋子都是他們家贊助的產品，雖說是贊助，但好用的程度總是讓來訪親友詢問度超高，而且除了好用，還有美麗的外型，一字排開，就有廚藝教室的專業氣魄！

如果沒有好友陸月設計友情贊助圖面，我們家的簡圖不知哪天才能生出來。
如果沒有拆除林大哥，我們家的採光通風不會像現在那麼好。
如果沒有水電田先生，我們家不可能憑空生出像廚藝教室般的開放式廚房。
如果沒有鋁窗蘇先生，我們家現在可能還要擔心午後雷陣雨淋進家裡。
如果沒有鐵件周先生，我們家露臺的扶手不會這麼好看。
如果沒有泥作蘇先生，我們家廁所的磁磚不會每次都被說貼工好。
如果沒有木作商阿彬，我們家的天花板還是光禿禿。
如果沒有防水邱先生，我們家外牆還是髒兮兮，不會這樣明亮美麗。
如果沒有廚具陳先生，我們家也不會有座超美的廚藝教室。
如果沒有木百葉阿華，我們家午後就沒有這麼迷人的光影與氛圍。
如果沒有PVC的阿偉，我們家不會有這麼粗獷的美麗地板及大門。
如果沒有木料高小姐，我們家不知道要花多少錢買餐桌、書桌與茶几。
如果沒有沙發翁先生，我們家不會有舒服的沙發，表妹也不會睡倒在上面。
如果沒有浴缸謝先生，我們家也沒有這麼吸睛的獨立浴缸。
如果沒有IKEA、特力屋，我們家也不會有那麼划算，卻又那麼完整的收納及展示空間。（雖然每次都沒辦法一次買齊，跑好幾趟，走到我腳都要斷了，但在你們店裡真的讓我得到很多。）
如果沒有HOLA，我的家不會有那麼多精緻的小玩意及美麗餐具。
如果沒有Fujidinos，我們家的居酒屋派對不會辦的那麼成功。

感謝以上的朋友，不論是前製作業的基礎裝修，或是後期的擺設佈置，沒有你們，我的家不會那麼美麗。

更感謝隆城規劃、鴻邦貿易、匯僑設計、衡美設計、潤德設計。感謝您們讓我開啟設計的這扇門。

真心的感謝，也希望您們能讓其他人的家繼續美好下去。

設計師沒告訴你的省錢裝修術

作　　者 aiko
攝　　影 KJ
編　　輯 林美齡
美術設計 吳慧雯

發 行 人 程顯灝
總 編 輯 呂增娣
主　　編 李瓊絲
編　　輯 鄭婷尹、陳思穎
　　　　 邱昌昊、黃馨慧
美術主編 吳怡嫻
資深美編 劉錦堂
美　　編 侯心苹
行銷總監 呂增慧
行銷企劃 謝儀方、吳孟蓉

發 行 部 侯莉莉
財 務 部 許麗娟
印　　務 許丁財
出 版 者 四塊玉文創有限公司

總 代 理 三友圖書有限公司
地　　址 106台北市安和路2段213號4樓
電　　話 (02) 2377-4155
傳　　真 (02) 2377-4355
E － mail service@sanyau.com.tw
郵政劃撥 05844889 三友圖書有限公司

總 經 銷 大和書報圖書股份有限公司
地　　址 新北市新莊區五工五路2號
電　　話 (02) 8990-2588
傳　　真 (02) 2299-7900

製　　版 興旺彩色印刷製版有限公司
印　　刷 明煌印刷股份有限公司

初　　版 2016年2月
定　　價 新臺幣300元
I S B N 978-986-5661-64-9 (平裝)

三友圖書
友直 友諒 友多聞

國家圖書館出版品預行編目(CIP)資料

設計師沒告訴你的省錢裝修術 / aiko著. -- 初版. -- 臺北市：四塊玉文創, 2016.02
　面； 公分
ISBN 978-986-5661-64-9(平裝)

1.房屋 2.建築物維修 3.室內設計

422.9　　105000522